JEANNE D'ARC

ET

SES SOUVENIRS

A DOMREMY ET A VAUCOULEURS

PAR

M. l'abbé JEANGEOT

Curé de Laneuville-au-Rupt, diocèse de Verdun,
Ancien Directeur du Collége ecclésiastique de Vaucouleurs.

Ouvrage approuvé par Mgr l'Evêque de Verdun

NANCY

TYPOGRAPHIE G. CRÉPIN-LEBLOND, GRAND'RUE, 14.

—

1878

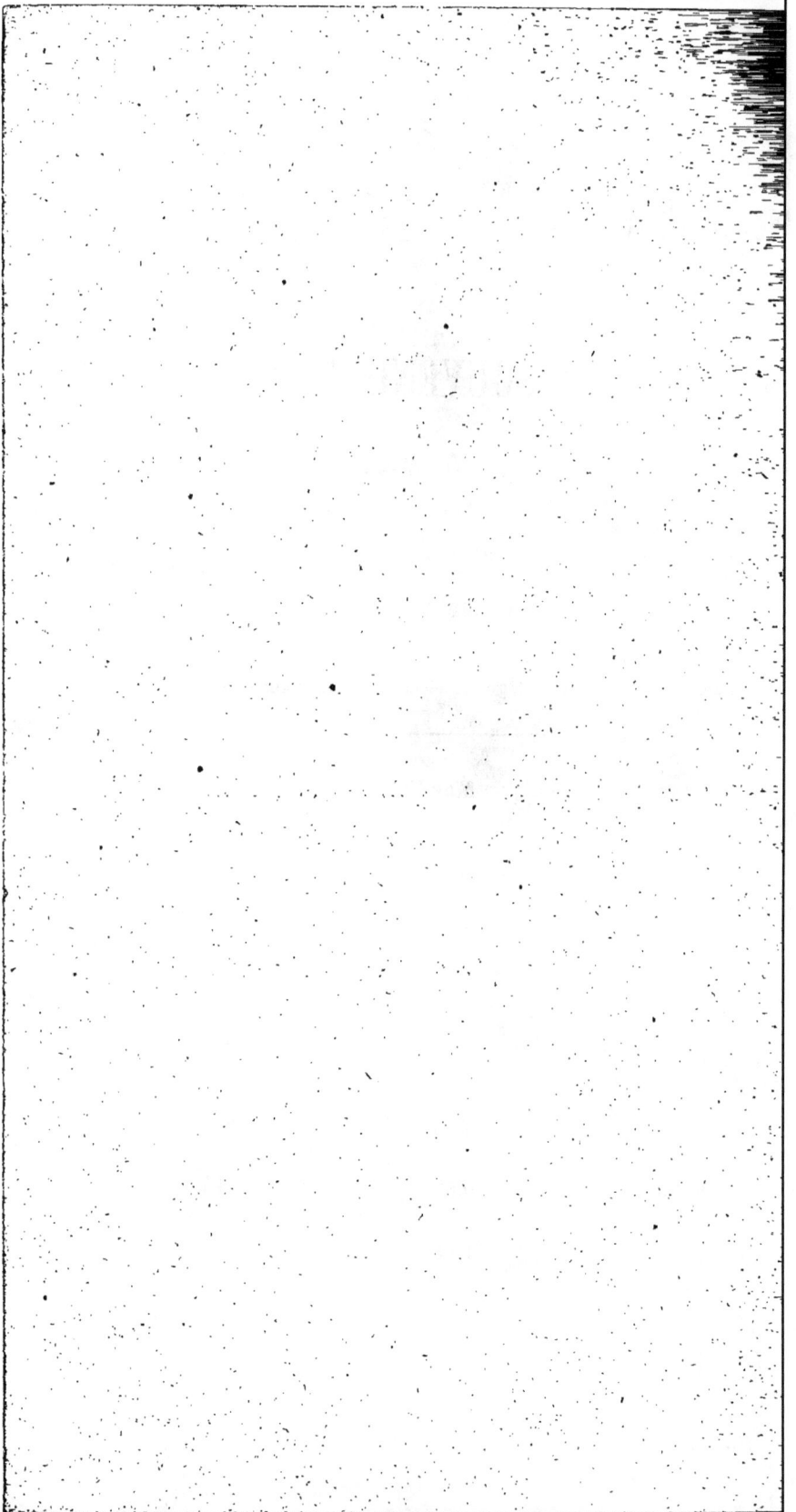

JEANNE D'ARC

ET SES SOUVENIRS

A DOMREMY ET A VAUCOULEURS

JEANNE D'ARC

ET

SES SOUVENIRS

A DOMREMY ET A VAUCOULEURS

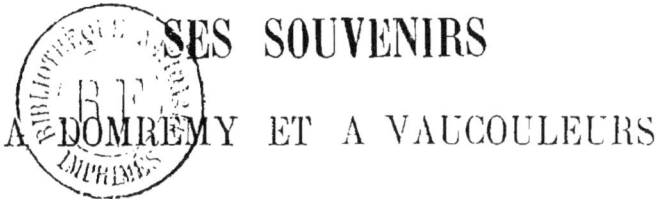

PAR

M. l'abbé JEANGEOT

Curé de Laneuville-au-Rupt, diocèse de Verdun,
Ancien Directeur du Collège ecclésiastique de Vaucouleurs.

Ouvrage approuvé par Mgr l'Evêque de Verdun

NANCY

TYPOGRAPHIE G. CRÉPIN-LEBLOND, GRAND'RUE, 14.

1878

DÉCLARATION DE L'AUTEUR

En plusieurs endroits de son livre, l'auteur de cet écrit a parlé sur un ton affirmatif de la *gloire céleste,* du *martyre,* de la *sainteté,* du *patronage* de Jeanne d'Arc. Il exprime ainsi une conviction personnelle, mais il n'entend nullement préjuger la décision de l'Eglise, à laquelle il déclare adhérer par avance, quelle qu'elle soit, en fils humble et soumis. Il fait donc ici, une fois pour toutes, la déclaration exigée par le pape Urbain VIII. A l'Eglise seule appartient le droit d'accorder à un de ses enfants décédés de *glorieuses* qualifications, *prises dans le sens pur et parfait.*

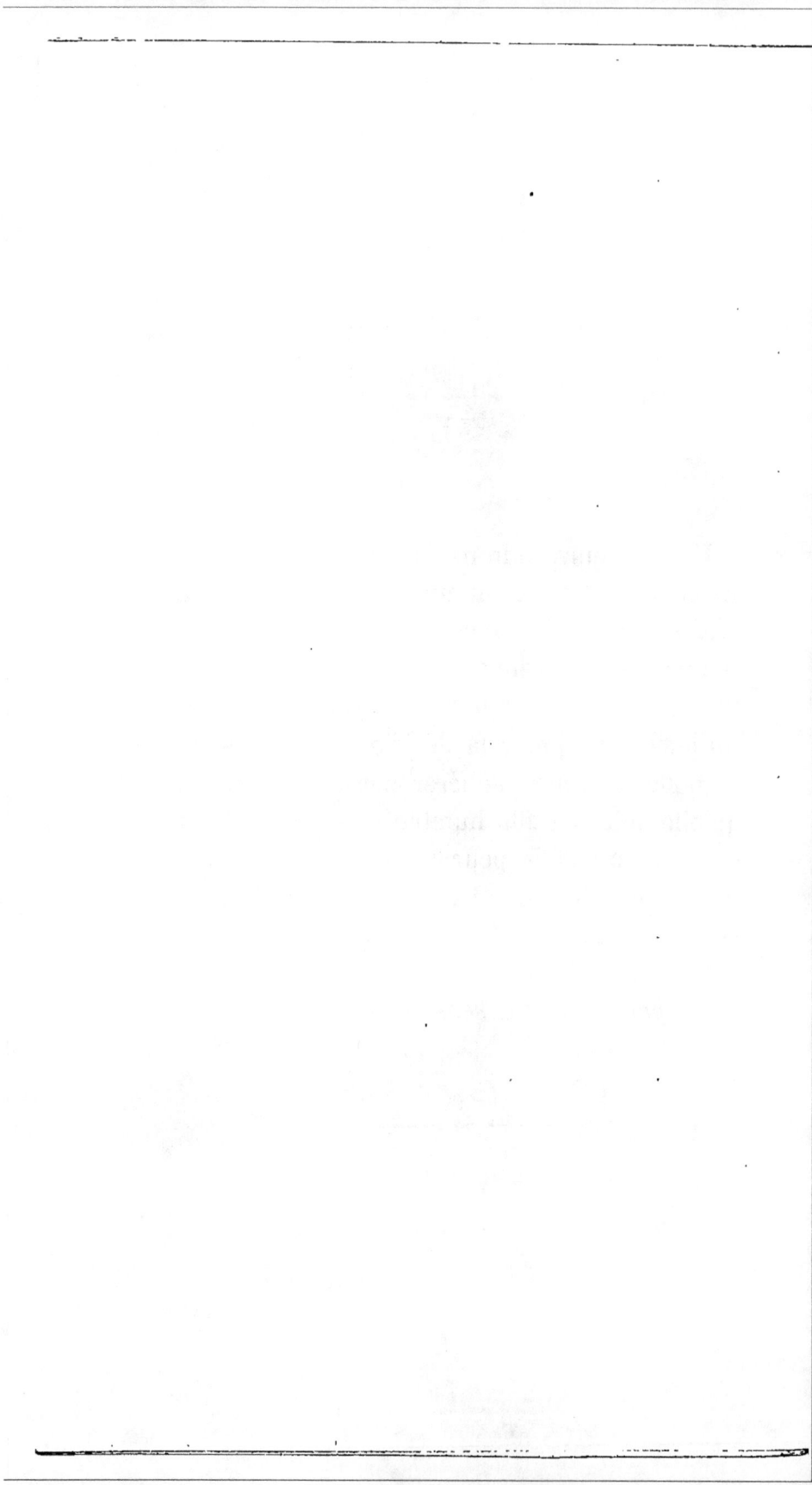

Lettre de Monsieur l'abbé Raulx, doyen de Vaucouleurs, et membre de la Commission pour l'examen des ouvrages des ecclésiastiques.

Vaucouleurs, le 5 avril 1878.

Monseigneur,

A la requête de M. le Curé de Domremy, chanoine d'Orléans, et en vue des nombreux visiteurs qu'attire dans nos contrées la douce mémoire de celle qui fut au quinzième siècle la libératrice de la France, Monsieur l'abbé Jeangeot vient de composer un opuscule intitulé : *Jeanne d'Arc et ses souvenirs à Domremy et à Vaucouleurs.* J'ai lu avec attention ce petit ouvrage écrit avec élégance, distinction, et d'une complète exactitude historique : il me paraît devoir être utile et mériter l'approbation de Votre Grandeur.

Je vous prie de vouloir bien l'accorder, Monseigneur, et d'agréer l'hommage des sentiments de profond respect avec lesquels

J'ai l'honneur d'être

de Votre Grandeur,

le très-humble et très-dévoué serviteur,

RAULX,

Curé-Doyen de Vaucouleurs.

APPROBATION ÉPISCOPALE

—

Nous permettons à Monsieur l'abbé Jeangeot de publier son travail sur Jeanne d'Arc. Mettre en lumière les premières années de la douce héroïne ; dire la manière dont Dieu l'a préparée pour ses grands desseins ; nous montrer cette ravissante figure au début de sa mission et encadrer ce tableau dans la description fidèle des lieux qui furent les témoins de ces faits, et des monuments qui en rappellent le souvenir, tel est le but et le mérite de ce livre que voudront lire tous les pélerins de Vaucouleurs et de Domremy.

† AUGUSTIN,

Évêque de Verdun.

14 Mai 1878.

AVANT-PROPOS

L'histoire garde le nom de vallées célèbres, chantées par la poésie et embellies par la renommée.

Aucune n'a plus d'attraits pour un Français, plus de charmes pour un pieux touriste que notre vallée de la Meuse. C'est en effet dans un coin solitaire de cette vallée, à Domremy-la-Pucelle, à Vaucouleurs, que vit encore dans toute sa fraîcheur et dans toute sa pureté le souvenir de Jeanne d'Arc, la vierge incomparable envoyée par Dieu pour le salut de la France. Son berceau, son enfance humble et laborieuse, les sentiers qu'elle a parcourus, les sanctuaires champêtres visités par sa dévotion, les lieux où elle était favorisée des révélations célestes, l'église de sa paroisse, de sa première communion, sa maison surtout, la modeste demeure de ses parents, où l'on voit encore la petite chambre de Jeanne, parfaitement conservée : voilà les tableaux touchants qu'offre Domremy aux yeux qui cherchent une gloire pure et sans nuage, aux cœurs qui sentent, aux esprits qui se souviennent.

Vaucouleurs a vu l'enfant de Jacques d'Arc devenue jeune fille, devenue aussi messagère *du roi des cieux à cause de la grande pitié qui régnait au royaume de France.* A travers les rues de la petite ville, on peut la suivre encore, soit sur les pentes rapides qui mènent aux ruines du château de Baudricourt, soit dans la chapelle souterraine où la vierge trempa son âme pour les luttes à venir, soit enfin dans la maison de ses respectables hôtes dont la bonté fut égale à leur confiance dans sa mission providentielle.

Domremy-la-Pucelle et Vaucouleurs, c'est là que nous désirons conduire le lecteur. Nous l'inviterons à raviver avec nous les nobles sentiments de son âme à ces deux sources où Jeanne puisa sa foi et son patriotisme. Ce sont les deux stations d'un même pélerinage dans lequel l'intelligence trouvera des enseignements sublimes ; le cœur, un trésor d'émotions douces et pures ; la volonté, des résolutions généreuses, le désir efficace d'imiter celle qu'on aura vue si candide, si pieuse, si française, si forte, en un mot, si bien adaptée aux immortels desseins de la Providence.

Notre plan est des plus simples et des plus faciles à exécuter, vu la faculté que nous avons de remonter aux vraies sources de cette partie

d'histoire que nous voulons étudier : décrire la
vie de Jeanne d'Arc à Domremy d'abord et ensuite
à Vaucouleurs, c'est-à-dire durant son enfance et
la période des célestes initiations ; puis, aussitôt
après chacun de ces récits, faire un retour en ces
lieux bénis pour constater de nos yeux ce qu'on y
trouve encore de souvenirs d'une telle gloire, de
vénération pour une telle figure, de culte et de
reconnaissance pour un si sublime dévouement.

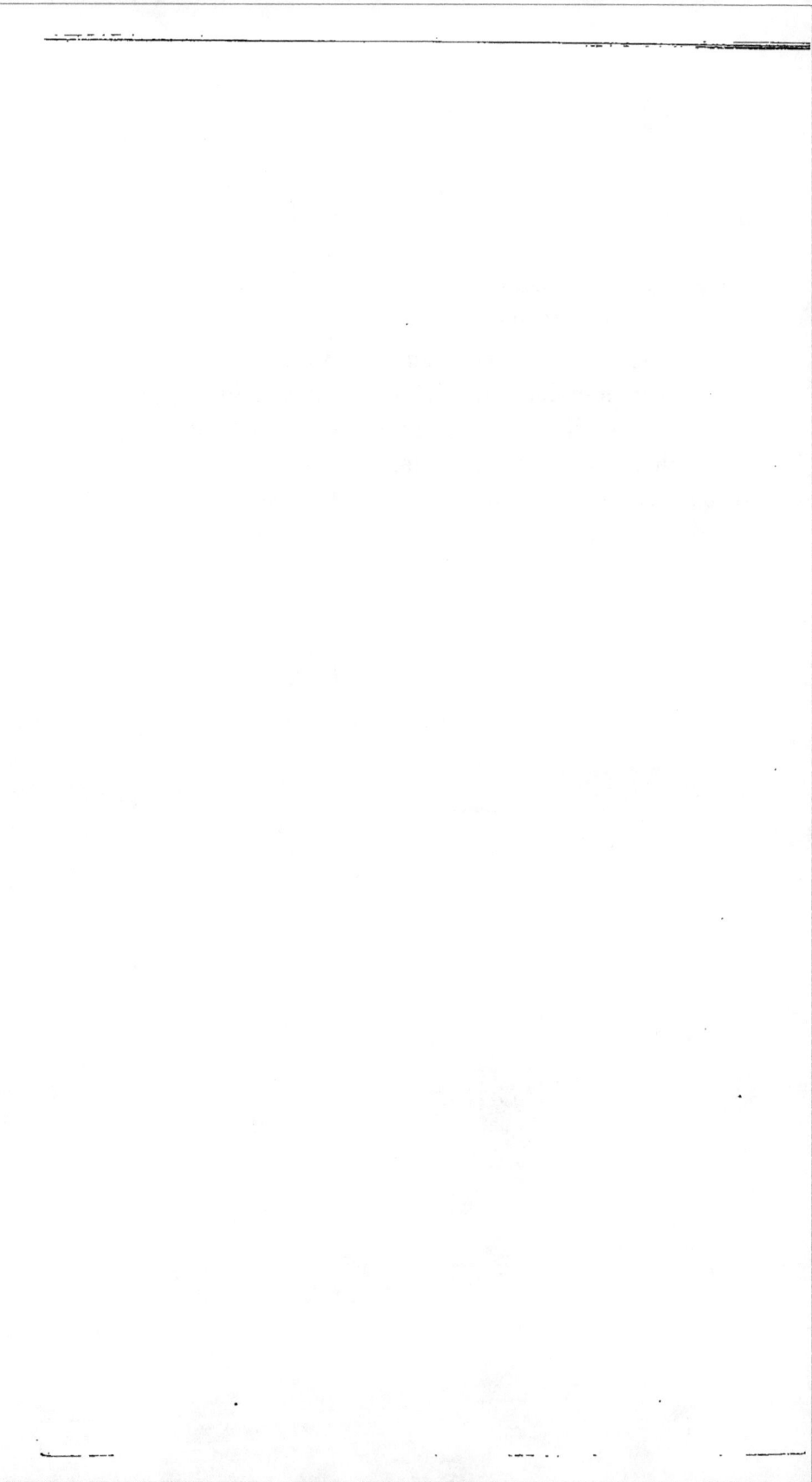

JEANNE D'ARC

ET SES SOUVENIRS

A DOMREMY ET A VAUCOULEURS

PREMIÈRE PARTIE

—

JEANNE D'ARC ET SES SOUVENIRS
A DOMREMY

I.

**Vallée de la Meuse.— Domremy.— Jeanne d'Arc
était française.**

Depuis Neufchâteau jusqu'à Vaucouleurs, la
Meuse, descendue du plateau de Langres, coule
et serpente capricieusement entre deux longues
chaînes de collines connues sous le nom d'Ar-
gonnes orientales et occidentales. Partout où
l'exposition a paru favorable, les flancs de ces
collines sont plantés de vignes semées çà et là
d'arbres fruitiers qui donnent à cette nature,

pendant la saison d'été, l'aspect d'un clair bos-
quet riant et animé. Les coteaux sont parfois à
leur sommet couronnés de bois et de taillis,
restes des antiques forêts, ou semés de céréales
appropriées aux qualités du sol. De temps en
temps l'uniformité des mamelons verdoyants
est coupée par des gorges profondes en pente
adoucie dans lesquelles des chemins bien en-
tretenus relient entre elles les diverses parties
d'un terroir, ou mènent aux villages des *hauts
pays.*

Depuis le pied des collines jusqu'au fleuve,
des prairies s'étendent au loin sur chaque rive
et remplissent le fond de la vallée de pâturages
abondants qui font une des principales richesses
de la contrée. Cette vaste étendue de prés doit
sa belle récolte annuelle aux inondations de la
Meuse pendant l'hiver et aux irrigations ména-
gées durant la bonne saison par des proprié-
taires intelligents dont le souci est d'accroître
la valeur foncière de leurs terrains par l'appli-
cation d'un bon système de culture. C'est un
beau spectacle qu'offre au mois de décembre
ou de janvier cette nappe immense d'eau ré-
pandue dans toute la largeur de la vallée depuis
Neufchâteau jusqu'à Verdun et rappelant les

débordements du Nil dans les plaines de l'E-
gypte. Rarement les villages ou les communi-
cations souffrent de ces inondations, car on a
su prévenir le danger des plus fortes crues
d'eau, soit par l'emplacement élevé choisi pour
les habitations, soit par des chaussées solides
offrant toujours un chemin praticable.

Mais hâtons-nous de le dire, la vallée de la
Meuse présente un spectacle encore plus beau
quand, au mois de juin, elle étale aux yeux du
voyageur émerveillé l'écrin de ses mille fleurs
variées où se mêlent et se fondent, au sein
d'un long et joli panorama, les nuances les
plus vives et les plus délicates. C'est vraiment
alors la vallée des couleurs, *vallis colorum*, et
le nom donné à la petite ville qui est comme le
point important du pays dont nous parlons,
convient aussi bien à toute la contrée et en re-
trace avec lui la fraîche peinture.

Des villages apparaissent çà et là dans la
vallée ou sur les côteaux qui la dominent ; souvent l'histoire en redit le nom mêlé à l'histoire
de Jeanne d'Arc, mais parmi eux le plus illustre, celui qui va nous intéresser exclusivement,
c'est Domremy-la-Pucelle.

Située entre les deux villes de Neufchâteau

et de Vaucouleurs, à deux lieues et demie de la première et à cinq de la seconde, cette petite commune de 310 habitants appartient aujourd'hui au département des Vosges, et confine au nord à celui de la Meuse dont elle n'est séparée que par le village de Greux. Elle fait partie de l'arrondissement de Neufchâteau, du canton civil et du doyenné ecclésiastique de Coussey. Ajoutons, pour rafraîchir ces détails géographiques dans la mémoire du lecteur, que Vaucouleurs, dont l'illustration est à jamais inséparable de la gloire de Domremy, est aujourd'hui une ville de près de 3,000 âmes, chef-lieu de canton du département de la Meuse et de l'arrondissement de Commercy.

Jeanne d'Arc était française. Cette affirmation, toute naïve qu'elle peut paraître, n'est cependant pas oiseuse quand il s'agit d'une cause attaquée par l'impiété jointe à la mauvaise foi ; d'une figure historique dont on a voulu voiler et ternir la gloire à force de mensonges et de lâches ingratitudes. Voici donc au nom de quels arguments nous revendiquons pour Jeanne d'Arc la nationalité française. Le village de Domremy, sa patrie, est traversé par un petit ruisseau qui va mêler ses eaux à celles de la

Meuse. La rive droite du ruisseau appartenait au Barrois mouvant, lequel, depuis 1302, relevait de la couronne de France. Quant à la rive gauche, sur laquelle est encore située la maison paternelle de Jeanne d'Arc, elle appartenait directement au roi de France, attachée qu'elle était à la Seigneurie de Vaucouleurs que Charles V avait irrévocablement réunie à ses Etats par une ordonnance de 1365. D'ailleurs, riverains de droite ou de gauche, tous les habitants de Domremy se faisaient gloire d'être du parti national, se conduisaient en bons sujets du roi et furent par lui exemptés de corvées et d'impôts, preuve évidente qu'ils étaient soumis à son autorité.

II.

La famille de Jeanne. — Contraste affligeant.

Jacques d'Arc, père de la sainte héroïne, était champenois et originaire de Ceffonds près de Montier-en-Der (Haute-Marne). On retrouve en effet dans Jeanne, dit un auteur, la douceur champenoise, la naïveté mêlée de sens et de finesse qu'on admire dans Joinville. Sa

mère, Isabelle Romée, sortait du village de
Vouthon près Gondrecourt (Meuse). Les deux
époux étaient venus se fixer à Domremy où ils
habitaient une modeste maison de cultivateur
et vivaient avec leur famille du produit de quelques champs. Une vie simple et laborieuse, une
vie également éloignée de l'opulence qui ne cal-
cule plus et de l'étroite indigence, une vie
éclairée par la lumière de la foi, soutenue, con-
solée dans ses traverses par la main maternelle
de la religion, voilà l'héritage que ces bonnes
gens avaient reçu de leurs ancêtres avec un
sang pur et vigoureux et qu'ils désiraient
avant tout, laisser à leurs enfants. O Trésor
précieux et incomparable de la vieille foi, trésor
qui seul mêles un peu de bonheur à nos jours
d'ici-bas, combien tu es devenu rare aujour-
d'hui, même parmi nos laboureurs français,
tant le trouble s'est aussi répandu parmi eux !

.....undique totis
Usque adeo turbatur agris!

Oui, jusqu'au sein de nos campagnes, jusque
dans le dernier de nos hameaux, le trouble s'est
répandu dans les intelligences ; et si nous voulons savoir l'étendue de ses ravages, demandons

au facteur rural dans quelle proportion il sème chaque jour ou chaque dimanche les journaux et les gazettes de la libre pensée et de la morale indépendante. Et quel poison que ces feuilles pour des gens qui sont accoutumés de regarder comme parole d'évangile tout ce qui sort d'une imprimerie !

Le mal vient encore d'une autre source. Les bons villageois sont habitués de vieille date à reconnaître une sorte de supériorité aux habitants des villes et se montrent toujours disposés à subir leur influence. A quoi faut-il attribuer ce prestige d'une part et cet engouement de l'autre ? L'humble habitant des campagnes ne se laisse-t-il pas tromper par les apparences ? L'élégance du langage et le luxe des vêtements sont-ils la marque infaillible de la valeur morale, de la droiture du cœur, de la noblesse des pensées ?

Ce qu'il est douloureux de constater, ce sont les effets multiples de cette fâcheuse influence ; c'est l'invasion au sein d'un tranquille village d'une foule de préjugés, de principes contraires à la religion et à la société ; c'est la présence d'un effort ennemi s'opposant dans l'ombre à l'action salutaire d'un prêtre sur l'âme de ses paroissiens. Puissent donc les types vénérés de Jacques d'Arc et d'Isabelle Romée revivre nombreux dans les foyers de nos campagnes ! Puisse sortir de là une génération puissante qui soit encore une fois le salut de notre patrie !

Beatus vir qui timet Dominum..... potens in terra erit semen ejus.

III.

Naissance de Jeanne. — Son enfance pieuse.

Jeanne d'Arc naquit le 6 janvier 1412, jour des Rois, jour de l'étoile mystérieuse. L'histoire a conservé le nom de ses trois frères, Jacquemin, Jean et Pierre, et celui de sa sœur Catherine, plus jeune qu'elle de quelques années.

Au dire des témoins oculaires, l'enfance de Jeanne fut limpide comme la rosée du matin, pure comme un rayon du soleil, et semblable à ces fontaines qui n'épanchent jamais hors de leur lit leurs eaux claires (1). C'est sur les ge-

(1) Déposition de Michel Lebuin.

noux de sa mère, pendant les veillées du soir,
qu'elle apprit sa religion, non pas sous une
forme aride, mais comme une belle histoire
venue du ciel et se gravant d'elle-même dans sa
tendre intelligence. Sa mère fut son unique
maîtresse, son seul catéchiste ; le docteur qui
fournissait toujours une réponse à ses questions
naïves ; la femme forte qui lui communiqua
avec son sang et son lait l'énergie chrétienne
dont son âme était trempée. Cette enfant privi-
légiée qui devait plus tard déconcerter savants
et théologiens par ses réparties sublimes, ne
savait guère pour toute prière que l'*oraison
dominicale*, la *salutation angélique,* et le *sym-
bole des apôtres ;* mais avec quelle ferveur,
quel amour elle les récitait ! Ces formules consacrées étaient comme les ailes de son âme
dans son essor vers Dieu. Elles suffisaient à
toutes ses demandes, à tous ses actes de foi,
d'espérance et de charité, à tous les besoins de
la famille et de la patrie : *panem nostrum da
nobis... Libera nos a malo.* Et quel mal, quel
fléau que les discordes civiles et l'invasion an-
glaise !

Chaque jour de grand matin Jeanne assistait à la messe avec piété, puis, bénie de Dieu,

elle allait reprendre avec sa mère les travaux domestiques. « Si elle eût eu de l'argent, dit naïvement un témoin, elle l'aurait donné à son curé pour dire des messes ; » tant était grande l'idée qu'avait cette victime future de la puissance de l'immortel sacrifice !

Parfois dans le cours de la journée, Jeanne revenait à l'église où était son trésor. On la voyait alors prosternée devant l'autel comme un ange adorateur, ou fixant amoureusement les yeux tantôt sur le crucifix, tantôt sur l'image de la Très-Sainte-Vierge ; telle autrefois Marie hâtait par la ferveur de ses supplications le moment de notre délivrance.

Il est une prière qui apporte trois fois le jour aux âmes pieuses comme un parfum d'encens, c'est l'*angelus*. Aussitôt que Jeanne entendait l'appel de la cloche l'invitant à saluer Marie, elle interrompait son ouvrage, se mettait à genoux et récitait dévotement ses trois *ave* ; et si parfois Perrin le sonneur oubliait son office à l'heure de l'*angelus,* elle l'en reprenait doucement et lui promettait quelques petits gâteaux pour qu'il fût plus diligent à l'avenir.

Dans ces âges de foi, chaque jour, après les travaux et avant les veillées en famille, on

disait les complies dans toutes les églises.
C'était comme le repos de l'âme aux pieds de
Dieu avant le repos du corps concédé à la nature. Jeanne était assidue à ce sacrifice du soir ;
elle y arrivait une des premières, et ses orai-
sons duraient encore longtemps après que ses
compagnes avaient disparu.

IV.

Charité de Jeanne — Sa première communion.

Mais la vraie et solide piété ne se délecte pas
uniquement dans le commerce intime avec
Dieu ; elle connaît d'autres œuvres que la
prière ; elle envoie autour d'elle comme des
émanations suaves et des rayons bienfaisants
qui la font rechercher et bénir. La charité au
dévouement maternel, la charité aux mille
inventions d'amour, en est aux yeux des chrétiens le caractère distinctif : *In hoc cognoscent
omnes,* a dit le Maître. Aussi Jeanne, dès ses
tendres ans, porta au cœur la flamme de cette
divine charité. Si elle rencontrait dans le village quelque pauvre qui eût besoin de son
secours, vite, elle le conduisait à la maison

paternelle et lui servait à manger. Si c'était l'hiver, elle allumait un bon feu dans l'âtre et donnait à l'indigent la meilleure place auprès du foyer. Le pèlerin sans abri, le vieillard attardé dans sa route, l'orphelin sans refuge ne frappaient jamais inutilement à la porte de Jacques d'Arc et c'était à sa pieuse fille que revenait tout le mérite de l'hospitalité, car elle cédait son lit au voyageur et prenait son repos sur la terre nue avec la tranquillité d'une mère qui sacrifie son sommeil à celui de son enfant.

« J'ai été malade et vous m'avez visité » : cette divine parole peint encore bien la figure de Jeanne d'Arc. Dès qu'elle apprenait qu'un père de famille était forcé par la maladie de quitter sa charrue, une mère son ménage, elle courait à leur chevet pour leur procurer les soins de son active charité. Elle mettait l'ordre dans la maison, préparait les remèdes, habillait les enfants, veillait la nuit, et, par dessus tout, calmait par de bonnes paroles l'esprit agité du malade. On ne peut lire sans attendrissement dans les actes du procès, la déposition de ce vieillard qui rappelle les longues heures passées auprès de son grabat par l'ange de la charité.

Qui pourrait nous redire les sentiments de Jeanne d'Arc au jour de sa première communion? le mystère attendrissant, la divine magnificence de l'entrée triomphante de Jésus dans cette âme virginale? le courage et l'énergie surhumaine dont il l'arma dans ce jour pour les heures d'épreuve, surtout pour l'heure du martyre? Il est des cœurs que Dieu a prévenus des bénédictions de sa douceur et dont il veut faire comme les émules de son Cœur généreux. Il leur donne d'entendre de bonne heure sa voix, comme une note harmonieuse détachée des concerts éternels, afin de les consoler d'avance des amertumes d'une vocation sublime. La première communiante de Domremy fut une de ces créatures privilégiées; elle but à longs traits et avec joie à ce calice de bénédiction; elle entendit cette voix douce comme la voix de sa mère; elle emporta de l'autel avec son trésor quelque chose de la force d'âme, de la résignation, de l'oubli des injures, du pardon des ennemis, en un mot, de ces vertus héroïques qui ont fleuri au Calvaire.

V.

**Les effets de la première communion de Jeanne. —
Ses visites à Notre-Dame de Domremy.**

Dès lors, ce fut Jésus qui vécut en elle, et,
en la voyant, on admirait une merveille de la
grâce, un modèle aimable et accompli que
toutes les mères pouvaient proposer à leurs
filles. Aussi le curé de sa paroisse rendit-il ce
témoignage, que jamais il n'avait rencontré
meilleure catholique, et qu'elle était la brebis
la plus docile de son troupeau. Cette déposition n'était d'ailleurs que l'écho de la voix
unanime des habitants de Domremy : « Bonne
fille, ce sont leurs paroles, simple et douce,
point paresseuse, sans *manque,* sans défaut,
sine defectu. » Les pratiques de religion qui
étaient l'aliment de sa vie lui attiraient parfois
des plaisanteries de la part de certains jeunes
hommes étourdis; ses compagnes elles-mêmes,
soit légèreté, soit jalousie de jeunes filles, la
trouvaient trop dévote, et, si elles imitaient la
pureté de sa conduite, ne voulaient pas la

suivre de si près dans la ferveur de ses relations avec Dieu. Ainsi, peut-être n'allaient-elles pas aussi souvent que Jeanne puiser la grâce aux sources de la Pénitence et de l'Eucharistie ; car cette dernière avait coutume de se purifier souvent des moindres souillures, et quant au banquet des élus, c'était toujours avec une nouvelle avidité, un nouveau bonheur qu'elle y nourrissait son âme affamée de Dieu et d'amour.

Il est sur la terre des lieux bénis qui semblent plus près du ciel, tant la prière s'y allume fervente, tant l'âme y trouve un air pur et embaumé, tant la foule des fidèles y chantant le même cantique rappelle bien l'harmonie des chœurs angéliques. Là l'oreille de Dieu est plus attentive à notre voix, le sourire de Marie paraît plus doux et plus maternel, là, on est tenté de s'écrier avec le patriarche Jacob : c'est vraiment la maison de Dieu et la porte du Ciel ! Nous voulons parler des lieux de pèlerinages signalés à la dévotion du peuple chrétien soit par des apparitions empreintes d'un cachet divin, soit par une source de grâces et de bénédictions qu'ils laissent épancher dans les âmes à l'instar de cette onde miraculeuse que souvent on voit couler à l'ombre de leurs sanctuaires.

Il ne faut donc point s'étonner de trouver au cœur de Jeanne d'Arc un attrait puissant pour les pèlerinages ; en cela elle ne faisait que suivre le courant de foi qui avait entraîné tant de peuples au tombeau du Christ et qui couvrait encore au XV* siècle d'une foule de pèlerins les routes de Jérusalem, de Rome et d'Espagne.

Non loin de Domremy, à mi-côte d'une colline mollement inclinée vers la route de Neufchâteau, une chapelle dédiée à Notre-Dame se cachait autrefois entourée de silence et d'ombre sous les arbres du *Bois Chenu*. Aujourd'hui elle n'est plus qu'un souvenir. Détruite sans doute pendant les guerres des Suédois, elle n'offre plus aux regards que des ruines amoncelées et un amas informe de pierres, appelé vulgairement *pierrier de la Pucelle*. Cette chapelle fut certainement postérieure à Jeanne d'Arc, puisque dans les fouilles on a découvert une clef de voûte portant les armes dont fut plus tard gratifiée sa famille. Mais quelle pensée porta les membres de la famille de Jeanne à élever ou à restaurer en ces lieux un sanc-

tuaire à la gloire de la Reine du ciel? Nous
croyons que ce fut la pensée de perpétuer un
souvenir glorieux, et d'acquitter une dette de
reconnaissance. Nous lisons en effet, dans un
historien contemporain de Jeanne d'Arc, Philippe de Bergame (1), « que la Vierge de Domremy faisant un jour paître les troupeaux, il
lui arriva, pour se mettre à couvert de la pluie,
de se réfugier dans une chapelle abandonnée.
Là, elle ne tarda pas à s'endormir, et, pendant
son sommeil, Dieu lui envoya un songe merveilleux qui lui donna connaissance de sa
future destinée et de la nécessité où elle serait
de quitter son troupeau pour aller secourir le
roi de France ». L'historien ajoute qu'il tient
ces détails d'un gentilhomme italien qui avait
vu Jeanne à la cour du roi Charles VII. Cette
chapelle abandonnée était sans doute bien
chère au cœur de la pieuse jeune fille. Sans
doute elle lui offrait une solitude avec des
délices semblables à celles du paradis, et devenait l'objet de ses fréquentes visites. On comprend que par suite de cette première manifestation surnaturelle, les membres de la famille

(1) *Traité de claris mulieribus.*

d'Arc tinrent à honneur de restaurer à leurs frais un sanctuaire qui devait leur être deux fois sacré et qui avait été comme le point de départ d'une carrière si glorieuse et si sainte.

VI.

Pelerinages de Jeanne d'Arc à Notre-Dame de Bermont.

Au-delà de Greux et dans la direction de Vaucouleurs, le voyageur apercevait le petit clocher d'un autre sanctuaire rustique. C'était la chapelle de saint Thiébaut bâtie en ces lieux vers l'an 920 par Antoine Sigismond de Lorraine. Une léproserie fut fondée en cette solitude et confiée à des religieux hospitaliers, à l'époque où la lèpre, apportée d'Orient, causait tant de ravages dans toute l'Europe. Au temps de Jeanne d'Arc, l'ermitage était rattaché à l'hôpital de Neufchâteau et desservi par un prêtre de l'ordre du Saint-Esprit. Les jeunes filles de Greux visitaient fréquemment le sanctuaire de saint Thiébaut et la vierge de Domremy les y rencontrait souvent aux pieds d'une image de Marie qu'on y avait en grande vénération. Pour elle, chaque samedi la voyait faire la pieuse excursion ; c'était comme l'hommage de la semaine offert à la reine du Ciel au jour que la piété des fidèles lui avait déjà consacré. Alors pour Jeanne les heures s'écoulaient rapides et délicieuses dans l'enceinte bénie, sous les yeux de sa tendre mère. Avec ses modestes épargnes, elle achetait quelques petits cierges qu'elle faisait brûler sur l'autel : emblème touchant de la foi qui veille et qui prie, de la charité qui brûle pour Dieu.

Inutile maintenant d'ajouter que la vie entière de notre sainte héroïne était, dans ses moindres détails, pénétrée de cet esprit de foi qui anime tout d'une activité divine, qui nous enveloppe comme d'une atmosphère surnaturelle, qui fait de chacun de nos pas, de chacun de nos soupirs, autant de droits aux grâces et à la possession de Dieu.

VII.

Occupations journalières de Jeanne.— Un redressement historique à ce sujet.

Mais quel était le fond de cette existence si pieuse sur lequel nous avons vu briller tant

de belles vertus ? Quelles étaient à Domremy
les occupations ordinaires de Jeanne d'Arc?
les travaux qui remplissaient ses journées ?
Ici nous avons à relever une erreur grave dont
l'histoire sérieuse s'est elle-même rendue
complice, une erreur qui enlève à la figure
de l'héroïque jeune fille un de ses plus aimables
traits, et, disons-le, sa physionomie naturelle.
Beaucoup d'écrivains se sont copiés les uns les
autres pour affirmer que Jeanne d'Arc fut une
bergère. On peut lire des ouvrages sérieux,
écrits dans le meilleur esprit, des ouvrages où
les âmes pieuses peuvent butiner avec profit, et
qui ont un chapitre entier intitulé : *la Bergère.*
C'est, à notre avis, un chapitre à retrancher,
car l'histoire avec tous ses documents s'inscrit
en faux contre tous ces récits de vie pastorale. Que des écrivains rationalistes qui attri-
buent la *prétendue* mission de la Vierge
d'Orléans à une sorte d'enthousiasme religieux,
lui donnent pendant dix ou douze ans l'existence rêveuse d'une bergère, un genre d'occupations propres à exciter une imagination
naïve, on le comprend sans peine ; il faut bien
donner un vernis de logique aux découvertes
de la libre pensée et habiller d'une humaine

vraisemblance des faits qu'un parti arriéré proclame miraculeux et surnaturels. Que des poètes aient trouvé une fraîcheur, un coloris à leur convenance dans le tableau d'une bergère conduisant ses moutons sur des côteaux fleuris ou sur la verte rive d'un fleuve ; qu'ils aient chanté Jeanne lavant la toison de ses brebis dans l'onde d'un ruisseau et donnant des soins empressés à son agneau chéri, cela n'a rien non plus qui doive étonner, car, si l'on en croit Horace, peintres et poètes ont toujours revendiqué la licence à leur profit.

..... *pictoribus atque poetis*
quidlibet audendi semper fuit æqua potestas.

Mais ce que nous ne pouvons concevoir, c'est la légèreté avec laquelle des écrivans catholiques copient les mensonges des rationalistes et les fictions poétiques et perpétuent ainsi par leur bonne foi trop crédule, des erreurs au détriment d'une auguste mémoire.

Que nous disent donc sur les occupations de Jeanne les témoins oculaires qui, mêlés à sa vie, ont suivi tous les détails de sa jeunesse laborieuse ?

Elle n'était point paresseuse, tel est le résumé de toutes les dépositions, elle travaillait volontiers, filait à la veillée et se montrait fort habile dans les ouvrages de couture. Elle même nous déclare ingénuement dans les actes de son procès « qu'il n'y avait à Rouen femme qui pour coudre lui sût apprendre quelque chose. » Au moindre signe de son père, Jeanne quittait l'aiguille et le fuseau pour mettre la main à la charrue ou à la herse. Elle soignait aussi le bétail à la maison, pétrissait le pain de la famille, aidait sa mère dans les travaux du logis et gardait les animaux à son tour. Faisons remarquer ici qu'à l'époque de Jeanne les communes ne possédaient pas de bergers en titre et que le soin des troupeaux du village était confié successivement à chaque famille. Sans qu'il y ait lieu de la vouer à la vie pastorale, on comprend donc facilement que Jeanne d'Arc, comme les enfants de son âge, soit allée quelquefois faire paître le troupeau de Domremy quand le tour de sa famille était venu. Néanmoins, elle dut y aller rarement dans son enfance, car elle déclare elle-même, que si elle le fit alors elle n'en a pas gardé le souvenir (1).

(1) Interrogatoire du 22 février.

Devenue plus grande, elle quitta complétement le soin des troupeaux, se bornant à venir en aide à son père quand il les conduisait aux prés de l'Ile sur les bords de la Meuse. Il fallait en effet plus de vigilance et au besoin le secours d'un défenseur dans ces temps troublés où des hommes d'armes infestaient constamment le pays.

Voilà donc anéanties ces fictions poétiques, fraîches comme une gracieuse idylle ; anéantis, ces récits controuvés du rationalisme dans lesquels Jeanne apparaît défigurée ou dépouillée d'un de ses plus beaux rayons : celui du labeur courageux, du travail qui oublie les forces. Qu'heureuse serait notre société si au sein des familles et dans les établissements d'instruction, les jeunes filles de la campagne trouvaient en honneur ces principes d'éducation qui ont formé Jeanne d'Arc à la vie chrétienne et laborieuse, et si une génération de femmes fortes, élevées sous ses heureuses influences, venaient offrir à nos populations agricoles les ressources de leur foi et de leur dévouement !

VIII.

Divertissements de Jeanne d'Arc.

La vraie piété n'est pas ennemie de la gaîté, puisque la joie franche et sans mélange découle de la paix du cœur et ne découle que de là. Aussi Jeanne n'avait point l'humeur sombre et triste; au contraire, elle était gaie, aimait à avoir un visage joyeux et se montrait pour tous bienveillante et affectueuse. D'après une ancienne chronique, la puissance de sa bonté s'étendait jusque sur les animaux privés de raison, car, dans son enfance, les oiseaux des champs et de la forêt venaient à elle, dès qu'elle les appelait, comme à une compagne chérie, et becquetaient le pain qu'elle leur émiettait dans son giron. Jeanne prenait sa part des récréations innocentes, et si ses compagnes la conviaient à un délassement honnête, elle s'y prêtait de bonne grâce.

A moins d'une demi-lieue de Domremy, dans la direction de Neufchâteau, le sommet et une partie des pentes de la colline étaient ombragés

par une vieille forêt de chênes vulgairement
appelée le bois *chenu*. Plus bas coulait une
source salutaire, nommée aujourd'hui fontaine
de la Pucelle, où les fiévreux faisaient puiser
de l'eau pour se guérir et qui devenait le but
de leurs promenades dès qu'ils entraient en
convalescence. On trouvait encore, mais plus
rapprochée du village, une autre source nommée la *fontaine des groseilliers* à cause sans
doute de quelques-uns de ces arbustes dont
elle baignait les racines. Au-dessus de la
première de ces fontaines s'élevait un vieux
hêtre connu du peuple d'alentour sous le nom
de *beau mai* (1) ou *d'arbre des fées* et qui
appartenait à Monseigneur de Bourlémont,
chevalier. Les anciens du village prétendaient
qu'il était hanté par les fées, mais la génération
à laquelle appartenait Jeanne n'ajoutait aucune
créance à ces récits superstitieux ; chaque
année, la veille de l'Ascension, tous suivaient
la procession de Domremy, et à l'ombre du bel
arbre, récitaient, à la suite de leur curé, les
prières consacrées par l'Eglise pour appeler

(1) Ce mot de mai vient de l'arbre ou du rameau
vert que l'on plantait le premier de Mai devant les
maisons.

les bénédictions de Dieu sur les fruits de la
terre.

L'arbre majestueux était l'ami de tous et
c'est avec fierté que les villageois le montraient
aux voyageurs comme une des merveilles de la
création. Aux premiers souffles du printemps,
le dimanche où l'on chante à la messe : *Lœtare
Jérusalem*, le seigneur de Domremy, sa noble
épouse et sa famille, accompagnés d'une riante
jeunesse, se rendaient au pied du *beau mai*, et
là tous saluaient joyeux les verts bourgeons de
son feuillage renaissant. Puis, on jouait heureux, insouciant, autour du trône vénérable ;
on mangeait les petits pains cuits pour la
circonstance ; on faisait honneur aussi aux
gâteaux du châtelain, et on courait étancher
sa soif à la fontaine des groseilliers. Durant la
bonne saison, les jeunes filles se plaisaient à
tresser des guirlandes de fleurs dont elles
ornaient le *beau mai*; et à faire des rondes
joyeuses sous la voûte de son feuillage (1).
Jeanne prenait part à leurs plaisirs innocents,

(1) Plus de 200 ans après la mort de Jeanne, Edmond
Richer, un de ses biographes, vit encore cet arbre dans
toute sa beauté et au retour du printemps, on célébrait
les mêmes jeux autour de son tronc rajeuni.

mais elle-même avoua depuis qu'elle chantait alors plus qu'elle ne dansait, et, au dire des témoins, si elle parait de couronnes l'arbre majestueux, le plus grand nombre de ses guirlandes était destiné à Notre-Dame de Domremy.

IX.

État de la France en 1425.

Le 10 novembre 1422, on portait dans les sombres caveaux de Saint-Denis le corps du pauvre roi Charles VI dont la démence avait été si funeste à la France. Le peuple, qui l'avait vu souffrir comme lui-même, le pleurait sincèrement et s'écriait : « Ah ! très-cher prince, jamais nous n'en aurons un si bon ! Nous n'aurons jamais plus que guerres, puisque tu nous a laissés. Tu vas en repos, nous demeurons en tribulations et douleur. » Ces plaintes sorties du cœur d'une population compatissante nous retracent l'état de la France à cette époque et les malheurs qui l'attendaient encore. En effet, sur la tombe entr'ouverte de Charles VI, un héraut d'armes s'écria : « Dieu

veuille avoir pitié de l'âme de très-haut et
très-excellent prince, Charles, Roi de France,
sixième du nom, notre naturel et souverain
Seigneur ! » Puis après un moment de silence :
« Dieu accorde bonne vie à Henri, par la grâce
de Dieu Roi de *France* et d'*Angleterre*, notre
souverain Seigneur ! » Un roi anglais sur le trône
de France ! telle était la honteuse catastrophe
où avaient abouti les débauches et la trahison
d'Isabeau de Bavière, cette reine sans cœur,
cette mère dénaturée ; les partis en armes les
uns contre les autres et l'invasion étrangère.

Depuis dix ans, à la faveur de la démence
du roi, *Armagnacs* et *Bourguignons* se dis-
putaient par les armes et par le crime les
lambeaux du souverain pouvoir et désolaient
la France par des luttes impies et sans pardon. Les Anglais jugèrent le moment venu
d'intervenir dans la mêlée. Ils entamèrent le
royaume et s'établirent victorieux sur plusieurs
points de l'Ouest et du Midi. Rouen, après un
siége de sept mois et une défense héroïque, leur
ouvrit ses portes et du même coup leur livra
toute la Normandie, 1419. Après l'assassinat
de Jean-sans-Peur au pont de Montereau, les
Bourguignons se jetèrent dans les bras de

l'étranger et le drapeau anglais flotta sur les clochers de l'Ile de France, de la Picardie, de l'Artois, de la Flandre, de la Champagne, de la Normandie et de la Guienne. En 1420, l'infâme traité de Troyes conclu entre le roi d'Angleterre, le duc de Bourgogne et la reine de France , déclara Henri V d'Angleterre, régent du royaume et héritier de la couronne de France *à l'exclusion de toute autre personne de la famille royale.* En conséquence, le Dauphin, le successeur de Philippe-Auguste et de saint Louis se voit déshérité par son père, renié et maudit par sa mère, condamné par le parlement et banni à perpétuité du royaume. Confiée à ses mains, sa propre cause qui était celle de la légitimité et du bon droit, risquait fort d'être compromise, car Charles, faible de corps, dépourvu de courage et d'expérience, ne montrait de vivacité que pour les plaisirs et une apathie désespérante en face des affaires et des périls. Les *Armagnacs* ralliés à son drapeau et combattant pour sa couronne formaient alors le parti national et dans leur camp battait le cœur de la véritable patrie, tandis que le parti des *Bourguignons* et des conquérants anglais était l'ennemi de quiconque portait une âme française. En résumé, l'Anglais victorieux au nord et au midi, menaçant Orléans qui défend le passage de la Loire, la France en proie aux factions, un roi de vingt ans, léger, indolent, perdant gaîment sa couronne avec les quelques provinces qui lui restaient, une noblesse divisée, un peuple décimé par la peste, par la guerre, par la famine, plus de laboureurs aux champs, des chaumières en ruines, les dissensions civiles armant village contre village, tel est l'abîme où de faute en faute notre patrie avait été jetée par la postérité de Philippe le Bel, de ce monarque qui avait mis la main sur le vicaire de Jésus-Christ pour l'inféoder à la France. Et le plus beau royaume après celui du Ciel eût péri en ces jours néfastes, si le Dieu qui a fait les nations guérissables ne se fût souvenu de sa miséricorde envers lui, et s'il n'eût suscité le bras d'une *vierge* pour le soutenir dans sa chute inévitable.

X.

La Lorraine au milieu des malheurs de la France.

Jeanne avait grandi au milieu des luttes et des épreuves, mais sa vertu y avait trouvé un aliment et une force : tel l'arbuste, secoué par les vents furieux, enfonce davantage ses racines entre les pierres de la montagne. Dans ces temps calamiteux, sur les marches de la Champagne et de la Lorraine, on faisait continuellement le guet ; il fallait prêter l'oreille au moindre bruit, épier l'indice de toute sorte de dangers. Au milieu des fureurs des factions civiles, combien de villages furent incendiés ! Combien de troupeaux emmenés violemment ! que de moissons anéanties ! Il fallait se battre à tout moment, fuir à la forêt voisine si l'on n'était pas en forces, et quand le danger avait disparu, on revenait tristement réparer les dégâts et relever les ruines amoncelées. Un jour, à Domremy, on signala une bande de Bourguignons qui survenait menaçante après avoir ravagé le pays d'alentour. Tout le village est dans la consternation ; en un instant, c'est un *sauve qui peut* général. Pâtres et laboureurs et parmi eux Jacques d'Arc, emmènent au plus vite leurs troupeaux et courent les mettre à l'abri dans la place fortifiée de Neufchâteau. Jeanne et tous ceux de sa famille trouvèrent un refuge dans une hôtellerie tenue par une honnête femme nommée Larousse. Pendant les quinze jours que dura cette émigration, l'active jeune fille, sous les yeux de sa mère, aida sa bonne hôtesse dans les ouvrages de la maison. Ce ne fut pas néanmoins au détriment de sa piété, car, dans ses moments libres, elle allait aux églises et se confessa plusieurs fois aux religieux franciscains. Les Bourguignons une fois partis, les gens de Domremy allèrent revoir les maisons désolées et ramenèrent les troupeaux à l'étable.

Pour surcroît de malheur, les divisions qui déchiraient la France avaient pénétré jusque dans les plus paisibles vallées. Les habitants de Domremy, un seul excepté, étaient Armagnacs et tenaient pour le parti national. Aussi Jeanne d'Arc à l'amour de la patrie unissait dans son âme une sainte passion pour la cause de son roi. Que de larmes elle offrait à Dieu, quelles pressantes requêtes elle lui faisait pour ce pauvre Dauphin renié par sa mère et chassé par l'Anglais de son héritage! Et puis tout ce qui l'entourait éveillait le souvenir des plaies saignantes de la patrie. A une faible distance de Domremy, sur la rive opposée du fleuve, on apercevait le village de Maxey-sur-Meuse, dont les habitants étaient Bourguignons. Rarement

ils se rencontraient avec ceux de Domremy
sans en venir à des luttes violentes. Les pierres
ou les coups de bâton volaient alors de toutes
parts ; les enfants eux-mêmes se battaient pour
une cause qu'ils ne connaissaient guère et plus
d'une fois Jeanne d'Arc vit ses frères revenir à
la maison tout couverts de sang. La douleur
indignée qu'elle éprouvait au milieu de ces
rixes et à la vue de ces blessures, n'allait pas
jusqu'à la haine pour ses ennemis. Un jour, il
est vrai, elle avait souhaité que l'homme de
Domremy qui était bourguignon *eût la tête
coupée ;* mais elle avait ajouté avec une naïveté délicieuse : « *pourvu que ce soit la volonté de Dieu* ». Il ne faut donc voir dans cette
parole qu'une saillie de langage, qu'une vivacité d'expression toute française, dont le sens
chrétien de Jeanne sut adoucir la force et
corriger l'âpreté. Et, comme preuve de sa
charité envers ce bourguignon, elle consentit à
tenir un enfant avec lui sur les fonts de bap-
tême. On sait de plus que cet ennemi du roi ne
parla jamais de la jeune fille qu'avec un profond respect. Dans son enfance comme dans la
vie des camps c'est toujours la même Jeanne
qui ne peut sans frémir voir couler le sang fran-

çais, qui s'écrie avec une tendresse touchante :
« J'ai toujours désiré du fond du cœur que
mon roi recouvrât sa couronne ! » la même
aussi qui pleure avec les ennemis vaincus,
lave leurs blessures et soutient leur tête mou-
rante.

XI.

Premières Apparitions.

Jeanne venait d'atteindre sa treizième année,
c'était l'heure où Dieu, touché des prières de
Charlemagne et de saint Louis prosternés devant son trône, allait enfin visiter son peuple
et le délivrer de ses oppresseurs.

Un jour d'été, vers midi, Jeanne se trouvait
dans le jardin de son père, tout proche du pro-
tail de l'église. Soudain elle vit à droite une
lumière éblouissante, et une voix venue de
cette clarté lui dit : « Jeanne, sois bonne et
sage enfant, va souvent à l'église. » La jeune
fille eut grand'peur devant cette manifestation
surnaturelle, mais aussitôt, se rappelant qu'il
faut un cœur pur pour converser avec Dieu,
elle lui *voua sa virginité, tant qu'il lui plairait.*

Un autre jour elle vit et entendit la même chose. La troisième fois, même clarté éblouissante, mais sous les yeux émerveillés et impatients de Jeanne, le nuage lumineux se déchira laissant apparaître, comme dans un nimbe splendide, une belle figure pareille à celle d'un ange. Le personnage mystérieux portait des ailes et s'élevait, par sa forme et son maintien, au-dessus de toute ressemblance humaine. De son corps lumineux, comme d'un centre de flammes, partaient des rayons fuyant de toute part, mais dont les yeux pouvaient encore soutenir l'éclat. C'était saint Michel, le chef des armées de Dieu, un des patrons de la France, escorté d'une foule d'anges, les compagnons de ses joies éternelles. Le prince des cieux parla de nouveau, mais d'une voix très-douce et de façon à inspirer toute confiance à la jeune voyante : Il l'engageait *à se bien gouverner, à fréquenter l'église, et sur toutes choses, à être bonne enfant, l'assurant que Dieu lui aiderait.* L'heureuse Jeanne, muette d'étonnement et d'admiration, s'était agenouillée pieusement ; son âme savoura pour un instant cette goutte des divines félicités, et quand les anges disparurent, elle se prit à pleurer, car elle aurait voulu les suivre au ciel.

Dès lors sa conversation fut plutôt avec les esprits bienheureux qu'avec les hommes ; chaque jour, soit dans les bois, dans les prairies, auprès des fontaines ou dans toute autre solitude, elle se retrouvait avec saint Michel. Quand il tardait, elle priait Notre-Seigneur de l'envoyer, et de nouveau elle assistait à ces merveilleuses conférences qui ranimaient son âme comme la rosée du matin rafraîchit les fleurs. Elle éprouvait une grande joie quand elle revoyait les anges, car « lui était avis qu'elle n'était pas alors en péché mortel. » Mais laissons-la parler elle-même et nous redire ses impressions.

« Ce fut seulement après avoir entendu cette voix trois fois que je la reconnus pour celle de saint Michel. Il m'enseigna et me montra tant de choses, qu'enfin je crus fermement que c'était lui. Je l'ai vu, lui et les anges, de mes propres yeux, aussi clairement que je vous vois, vous mes juges ; et je crois d'une foi aussi ferme ce qu'il a dit et fait, que je crois à la mort et à la passion de Jésus-Christ notre Sauveur ; et ce qui me porte à le croire, ce

sont les bonnes doctrines, les bons avis, les
secours avec lesquels il m'a toujours assis-
tée (1).

« L'ange me disait qu'avant tout je devais
être une bonne enfant, me bien conduire, aller
souvent à l'église et que Dieu me soutiendrait.
Il me racontait la grande pitié qui était au
royaume de France et comment je devais me
hâter d'aller secourir mon roi. Il me disait
aussi que sainte Catherine et sainte Marguerite
viendraient vers moi et que je devrais faire
tout ce qu'elles m'ordonneraient, parce qu'elles
étaient envoyées de Dieu pour me conduire et
m'aider de leurs conseils dans tout ce que j'avais
à exécuter. »

---

(1) Les juges *anglais* donnés à Jeanne essayaient de
l'envelopper dans un réseau de questions captieuses,
mais chaque fois elle les déconcertait par des réponses
aussi fines que sages. Exemples : Saint Michel portait-
il des cheveux ? — Pourquoi les lui aurait-on coupés ?
— Saint Michel était-il nu quand il vous apparaissait ?
— Croyez-vous que Notre-Seigneur n'ait pas moyen de
le vêtir ?

XII

Sainte Catherine et sainte Marguerite.

Sainte Catherine et sainte Marguerite ne
mirent point en défaut la parole de l'ange ; elles
se montrèrent à Jeanne et semblèrent même
avoir repris séjour sur la terre pendant les six
années qu'elle devait *durer* encore ici-bas. On
ne peut trop admirer ici la sage disposition de
la Providence qui donne à une jeune fille
comme guides dans le chemin de la vertu,
comme soutien et consolation dans les heures
du sacrifice, deux illustres saintes qui, pures
comme des anges, avaient connu aussi la souf-
france, et dont la couronne virginale est em-
pourprée par le martyre. Leurs statues étaient
vénérées dans l'église de Domremy ; c'est devant elles que la jeune fille allait souvent faire
brûler des cierges et réciter de ferventes prières
pour le salut de la France, si bien qu'au milieu
de ces apparitions surnaturelles, elle se retrouvait toujours avec des visages connus et amis.
Mais laissons de nouveau Jeanne parler elle-

même nous bornant encore à réunir ce qu'elle
dit plus tard devant ses juges :

« Sainte Catherine et sainte Marguerite
m'apparurent comme l'ange l'avait prédit. Elles
m'ordonnèrent d'aller trouver le sire de Baudricourt, capitaine du roi à Vaucouleurs, lequel, à la vérité, me repousserait plusieurs
fois, mais finirait par me donner des gens pour
me conduire dans l'intérieur de la France
auprès de Charles VII, après quoi je ferais
lever le siége d'Orléans. Je leur répondis que
je n'étais qu'une pauvre fille qui ne savait ni
chevaucher, ni conduire la guerre. Elles répli-
quèrent que je devais porter hardiment ma
bannière, que Dieu m'assisterait, et que j'ai-
derais mon roi à recouvrer, malgré ses ennemis, tout son royaume. Va, en toute confiance,
ajoutèrent-elles, et quand tu seras devant le
roi, il se fera un beau signe pour qu'il croie à
ta mission et te fasse bon accueil. Elles m'ont
dirigée pendant six ans et m'ont prêté leur
appui dans tous mes embarras et mes travaux,
et maintenant il ne se passe pas de jour qu'elles
ne me visitent. Je ne leur ai rien demandé, si ce
n'est pour mon expédition, et que Dieu voulût
bien assister les Français et protéger leurs

villes ; pour moi, je ne leur ai pas demandé d'autre récompense que le salut de mon âme. Dès la première fois que j'entendis leurs voix, je promis librement à Dieu de rester vierge de corps et d'âme, si cela lui est agréable, et elles me promirent, en retour, de me conduire dans le paradis, comme je les en ai priées.

Je ne sais pas si j'ai entendu les saintes sous l'arbre des Fées, mais je sais bien que je les ai vues près de la fontaine. Je les vois rarement sans qu'elles soient entourées de lumière ; je vois leur visage, mais je ne saurais dire si elles ont des vêtements, des cheveux, des bras, et, en général, un corps sensible. Je les vois toujours sous la même forme et jamais je n'ai remarqué une seule contradiction dans leurs discours ; je sais bien les distinguer l'une de l'autre ; je les reconnais au son de leur voix et à leur salut, car elles se nomment elles-mêmes quand elles commencent à me parler. Quand je suis dans la forêt, je les entends venir à moi, Sainte Catherine et sainte Marguerite portent de riches couronnes, comme il est juste ; je comprends très-bien ce qu'elles disent ; elles ont une voix douce, modeste et agréable, et elles parlent d'une manière très-digne, en bonne langue française. Je voudrais que tout le monde les entendît aussi distinctement que moi. Avant et après la prise d'Orléans, elles m'ont appelée plusieurs fois *Jeanne la Pucelle* et *Fille de Dieu*. De temps en temps sainte Catherine et sainte Marguerite me disent aussi d'aller à confesse.

« Elles viennent souvent sans que je les appelle, et quand elles tardent à paraître, je prie Notre-Seigneur de me les envoyer. Je n'ai jamais eu besoin d'elles sans qu'elles soient venues. Quand saint Michel et les anges et les deux saintes viennent à moi, j'ai une grande joie de n'être pas en péché mortel, car, si j'y étais, je pense qu'elles me quitteraient sur-le-champ. Je leur rends tous les honneurs qui sont en mon pouvoir, sachant bien qu'elles habitent le royaume du ciel. J'ai aussi offert à la messe des cierges par la main du prêtre, devant l'autel de sainte Catherine, en l'honneur de Dieu, de la Sainte Vierge et de mes deux saintes ; mais je n'en ai jamais allumé autant que j'aurais voulu. J'ai également orné leurs images de couronnes.

« Dès qu'elles viennent à moi, je m'age-nouille devant elles, et si je viens à y manquer, je leur en demande pardon. Quand saint Michel et les anges se séparaient de moi, je baisais aussi la terre où ils s'étaient tenus, et je m'inclinais devant eux. J'ai embrassé avec mes bras sainte Marguerite et sainte Catherine ; j'entends à présent leurs voix tous les jours, et j'en ai grand besoin ; car sans leur secours, je serais déjà morte. »

C'est ainsi que Jeanne racontait elle-même la manière miraculeuse dont Dieu lui ordonna de prendre l'épée pour son roi et sa patrie, et elle soutint inébranlablement la vérité de ces apparitions, malgré toutes les souffrances et toutes les menaces ; elle la soutint même encore au milieu des flammes du bûcher.

XIII

Obstacles à la mission de Jeanne. — Son départ pour Burey-la-Côte.

Les saintes n'avaient pas ordonné à Jeanne de garder le secret sur leurs apparitions. Néanmoins celle-ci, bien que persuadée de leur réalité, n'osait en parler à personne, pas même à son père et à sa mère. Elle craignait les Bourguignons qui auraient empêché son voyage vers le roi ; elle craignait aussi son père qui aurait mis obstacle à son départ. Cependant, au sein de sa famille, on avait comme un pressentiment de sa destinée. Une nuit, son père vit dans un songe sa fille quitter la maison et s'en aller avec des gens de guerre. Le lendemain il dit à ses fils : « Si je savais que cela dût arriver à votre sœur, je vous ordonnerais de la jeter à l'eau, et, si vous refusiez de m'obéir, je la noierais moi-même. » Jeanne était donc surveillée de près et devait tout redouter de l'honnête sévérité de ses parents.

Quelquefois cependant elle laissait échapper quelque chose de sa mission providentielle. Un paysan atteste qu'elle lui avait dit : « Compère, si vous n'étiez pas bourguignon, je vous révèlerais un secret. Elle avait dit à un autre : « Il y a entre Coussey et Vaucouleurs une jeune fille qui, dans l'espace d'un an, fera sacrer le roi de France. »

D'ailleurs à cette époque les esprits étaient préparés à une intervention surnaturelle dans les affaires de la France. On se répétait alors, pour se soutenir dans les heures d'abattement, une célèbre prophétie d'après laquelle le royaume Capétien perdu par une femme devait être sauvé par une vierge sortie du bois *Chenu* et du pays de Lorraine (1).

Un nouvel obstacle venait s'opposer au départ de Jeanne. Un jeune homme dont elle avait repoussé les propositions de mariage, voulut la forcer à donner, malgré tout, son consentement. Pour y parvenir il prétendit avoir reçu d'elle une promesse formelle et il en réclama l'exécution devant le tribunal ecclésiastique de Toul. On a lieu de croire que les parents de Jeanne étaient de complicité dans l'imposture, persuadés que le mariage était le plus sûr moyen d'empêcher leur fille de partir avec les gens de guerre. Dans cette conjoncture, Jeanne eut recours à ses deux amies du ciel, et sur l'assurance qu'elles lui donnèrent qu'elle gagnerait son procès, elle comparut sans trouble devant ses juges. La vérité se fit jour d'elle-même ; la jeune fille affirma par serment n'avoir fait aucune promesse de mariage. On la crut et on l'acquitta.

Cependant l'ennemi gagnait tous les jours

(1) Déposition du premier témoin de l'enquête de Rouen.

du terrain. Orléans, cette grande cité où sem-
blaient avoir été déposées les clefs du midi et
du nord, Orléans était bloqué par les Anglais
et isolé de tout secours. En ce temps-là aussi
les injonctions des anges et des saintes martyres devinrent plus pressantes et les voix qui
transmettaient à Jeanne les inspirations du
Ciel et lui ordonnaient d'aller trouver à Vaucouleurs le capitaine du roi, paraissaient re-
doubler d'instance et d'énergie. Pour leur obéir
et commencer sa grande mission, elle demanda
et obtint la permission d'aller passer quelque
temps chez son oncle, Durant Laxart, qui ha-
tait le Petit-Burey (1). Elle y demeura huit
jours sans oser rien découvrir des messages
divins. A· la fin pourtant elle s'enhardit et
donna connaissance à Laxart des projets du
Ciel en faveur de la France. Apparition des

(1) Ce village, nommé encore Burey-la-Côte, domine
la vallée de la Meuse en face de Sauvigny, entre Gous-
saincourt et Taillancourt. Pendant la belle saison on
y jouit de la vue d'un paysage enchanteur. Les habitants conservent avec respect et montrent volontiers
aux voyageurs la maison qui fut celle de Durant Laxart
et où fut commencée la grande entreprise du salut de
la France.

saintes et des anges, leurs discours délicieux, leurs promesses encourageantes, leurs ordres, elle n'oublia rien dans la révélation de ses grands secrets, dans ces confidences intimes qui déchargeaient son cœur. La conviction inébranlable qui animait la parole de Jeanne, son accent inspiré, sa ferme confiance dans le succès, détruisirent tous les doutes et amenèrent la persuasion chez cet homme simple et droit. Il y a comme un aimant mystérieux par lequel les âmes candides s'attirent et se comprennent. Durant crut donc aux apparitions et vit la manifestation de la volonté du Ciel dans la demande que lui fit Jeanne de la conduire à Vaucouleurs.

XIV

Premier voyage à Vaucouleurs. — Retour à Domremy.

Ils partirent ensemble vers l'Ascension de l'année 1428 et, arrivés à Vaucouleurs, ils demandèrent à parler au chevalier Robert de Baudricourt qui commandait la place au nom du roi de France. Le capitaine ordonna de les

introduire. Et d'abord Jeanne, avec le secours
de ses voix, distingua sans peine Baudricourt
au milieu de son entourage, bien qu'elle ne
l'eût jamais vu. Puis elle le supplia de lui
donner une escorte et de la faire conduire
auprès de Charles VII. « Mandez du moins au
Dauphin, disait-elle, qu'il ait bon courage,
qu'il ne livre point encore bataille à ses ennemis ; car Dieu lui enverra du secours vers le
milieu du prochain carême. Le royaume n'appartient pas à lui mais à mon Seigneur qui veut
bien lui en confier la garde. Le Dauphin de-
viendra roi (1), en dépit de ses ennemis. Je le
mènerai à Reims où il sera sacré. — Quel est
ton Seigneur ? dit Baudricourt.— Le roi du Ciel.

Le chevalier accueillit ces paroles avec un
sourire incrédule. Cet homme de guerre d'une
nature un peu rude ne devait point comprendre
aussi vite le langage des anges ni celui d'une
vierge inspirée (2). Il congédia donc assez

(1) Aux yeux de Jeanne, Charles VII ne devait porter
le titre de roi qu'après son sacre à Reims.

(2) D'ailleurs la nouveauté et le merveilleux des
récits de Jeanne en même temps que l'absence de
preuves extérieures expliquent suffisamment cette première incrédulité.

durement l'oncle et la nièce en disant et répé-
tant à Laxart que cette dernière « était folle, et
qu'il fallait la ramener le plus tôt possible à ses
parents, après l'avoir bien souffletée. »

Ni ce premier insuccès ni cet affront n'abat-
tirent le courage de Jeanne d'Arc. Devenue
l'instrument du Ciel dans l'accomplissement de
ses desseins miséricordieux, elle s'attendait à
boire au calice de souffrances des envoyés de
Dieu, à être comme eux en butte à la moque-
rie, à la contradiction ; mais elle savait aussi
que de sa faiblesse unie à la patience devait
sortir une force puissante comme le bras de
Dieu, qui déconcerterait les efforts conjurés de
ses ennemis personnels et des ennemis de la
France. « Le Seigneur, dit le Grand Apôtre, a
choisi ce qu'il y a de faible dans le monde pour
confondre ce qui est fort, et ce qui n'est rien,
pour détruire ce qui est. » — Cette divine
parole, vérifiée d'une manière admirable dans
les jeunes martyres des premiers siècles de
l'Eglise, ne l'est pas moins dans les annales de
notre histoire, et surtout dans l'existence glorieuse de la vierge lorraine dont le triomphe
fut à Orléans et le martyre à Rouen.

Jeanne, soumise à la volonté de Dieu qui

avait permis l'affront subi à Vaucouleurs,
quitta la maison de son oncle et retourna chez
ses parents pour reprendre les occupations de
sa vie laborieuse.

XV

Deuxième voyage de Jeanne à Vaucouleurs.

On en était venu aux premiers jours de
l'année 1429. La détresse où gémissait la
France allait croissant toujours. Le roi légi-
time se décourageait ; les Anglais devenaient
plus hardis et pressaient avec vigueur le siége
d'Orléans. C'est alors que les *voix* ne laissè-
rent plus à Jeanne aucun repos. A chaque
instant, elles l'excitaient à reprendre l'œuvre à
laquelle Dieu l'avait destinée et lui intimaient
l'ordre d'aller secourir et délivrer Orléans.
Jeanne n'y tint plus : elle prit la résolution de
quitter Domremy. Et pourtant elle savait quel
chagrin son départ allait causer à ses parents
chéris ; quelle plaie douloureuse il devait faire
à leur cœur. Mais chez elle la foi parlait en
maîtresse et dominait la nature : Dieu ordon-
nait, il fallait obéir. « Dans toutes les autres

choses, dit-elle, j'ai fidèlement respecté les
ordres de mon père et de ma mère, et je ne
crois pas avoir péché en partant sans les aver-
tir, car je m'en allais sur l'ordre de Dieu ; et je
serais également partie quand j'aurais eu cent
pères et cent mères, quand même j'aurais été
la fille d'un roi ! » Elle pria son oncle Laxart
de venir la demander à ses parents sous le
prétexte de soigner sa femme alors en couches.
Le bon Durant, qui avait conscience de la
mission sublime aussi bien que de la vertu de
sa nièce, voulut bien se prêter à cette ruse
innocente, et il obtint facilement de Jacques
d'Arc qu'elle le suivît à Burey-la-Côte.

Quel brisement de cœur dut ressentir la
pauvre fille en quittant, pour ne plus la revoir,
la petite maison de ses parents, ce toit qui
abritait, avec les êtres les plus chers à son
cœur, les doux souvenirs de son enfance ! Ses
adieux durent être d'autant plus déchirants
pour son âme, qu'il lui fallait refouler ses larmes et cacher sa douleur. En passant dans le
village devant la maison de Mengette, elle
courut embrasser sa jeune amie. Elle alla voir
aussi le père de Gérard Guillemette, un des
familiers de Jacques d'Arc. Hauviette, une

autre compagne de Jeanne, n'apprit son départ
que plus tard ; *elle pleura beaucoup,* dit-elle
en son simple langage, *parce que Jeanne était
bonne.* Enfin, quand celle-ci se trouva seule
avec son oncle sur le chemin de Greux, elle se
retourna une dernière fois et, dans un long
regard, elle dit un adieu suprême à son cher
Domremy, à tous ceux qu'elle y laissait, qu'elle
y avait connus, aimés.....

Mais avant de suivre Jeanne d'Arc à Vaucouleurs, cette première étape de sa laborieuse
carrière, nous devons conduire le lecteur aux
lieux où elle est née, y faire avec lui un pieux
pélerinage et constater par nous-mêmes quels
monuments et quels souvenirs Domremy con-
serve encore aujourd'hui à la gloire de celle
qui a rendu son nom immortel.

XVI

Une visite à Domremy.

Oui, notre petite excursion à Domremy, cher
lecteur, sera un vrai pèlerinage, car elle sera
sainte à la fois dans son objet et dans son but.

Visiter la patrie de cette Vierge à l'âme si douce et si forte, que les anges appelaient *fille de Dieu*, pénétrer sous le toit qui abrita son enfance pure et modeste, s'agenouiller sur le sol que ses pieds ont foulé et où elle s'est rencontrée avec de merveilleuses apparitions, quelle chose plus digne de la piété d'un chrétien, plus attrayante pour sa dévotion ? Et à cette heure qui marque parmi nous l'affaiblissement des caractères, l'invasion de l'égoïsme dans les individus, des plus dangereuses doctrines au sein de la société, quoi de plus utile que d'aller retremper son âme aux sources du plus pur dévouement à Dieu et à la patrie ? que d'aller prendre des leçons d'abnégation, de vertu et de .courage auprès de celle qui sut être martyre pour ne faillir jamais ?

Aujourd'hui, rien de plus facile, de plus expéditif qu'un pèlerinage, grâce aux voies ferrées qui sillonnent tous les pays. Si le commerce et les affaires y trouvent leurs avantages, la religion, la piété, les devoirs de la famille y trouvent aussi les leurs. C'est ce que nous allons expérimenter dans notre petit voyage. Depuis plusieurs années en effet, aux deux grandes lignes de Paris-Avricourt et de Paris-

Lyon-Méditerranée, on a rattaché une ligne secondaire de Pagny-sur-Meuse à Chaumont avec des stations pour desservir Domremy et Vaucouleurs.

Nous descendons à la station de Domremy-Maxey. C'est en réalité ce dernier village qui est traversé par le chemin de fer et qui possède la gare ; mais l'illustration de Domremy le met tout naturellement dans une sorte d'oubli dont il n'est pas mécontent. C'est ici l'antique Maxey-sur-Meuse, autrefois si dévoué aux Bourguignons et aux Anglais et dont les habitants engageaient des luttes sanglantes avec leurs voisins de Domremy. Il est aujourd'hui et depuis longtemps rentré dans la soumission et le devoir, si bien qu'il forme une excellente paroisse où la religion et les bons principes sont en honneur dans toutes les familles. En passant, donnons un coup d'œil à l'église si élégante dans sa parure gothique, si remarquable par le luxe de propreté que des mains pieuses y entretiennent sans cesse. Sur le côteau qui domine à l'est le village de Maxey, vous apercevez la petite chapelle de Beauregard ombragée par un vieil ormeau. C'est un antique sanctuaire dédié à Notre-Dame de pitié, et son nom lui vient soit de la beauté du paysage qui l'entoure, soit de la suavité d'expression qu'on remarque dans le regard de la statue qui y est en grand honneur.

Maintenant, dirigeons-nous vers Domremy, car tous les autres souvenirs, tous les autres monuments pâlissent à côté de ses souvenirs et de ses monuments. Deux chemins y conduisent : l'un, beaucoup plus long, mais seul praticable par le mauvais temps, traverse les deux villages de Maxey et de Greux ; l'autre, plus court, mais surtout plus poétique durant la bonne saison, n'est qu'un sentier frayé dans la prairie. Il prend le voyageur à la station et le conduit aux premières maisons de Domremy.

Le voyez-vous ce petit village caché derrière les arbres de ses vergers comme un nid dans un buisson ? Ne semble-t-il pas nous dire que la vraie gloire est modeste et qu'il faut le voile de l'humilité pour donner quelque chose d'achevé à la véritable grandeur ?

XVII

Maison de Jeanne d'Arc.

Saluons en passant l'église de Domremy que

nous aurons occasion de revoir tout à l'heure. Auprès du portail, s'élève, sur un haut piédestal, une statue de bronze assez insignifiante représentant Jeanne d'Arc à genoux, les yeux dirigés vers le ciel. On lui prête l'attitude et l'expression renfermées dans ces paroles : Quand j'aurais cent pères et cent mères et que je serais fille de roi, je partirais pour accomplir la volonté de Dieu ! — La maison de Jeanne est située au milieu du village. Une pensée à la fois chrétienne et patriotique l'a fait séparer des habitations vulgaires et l'a entourée, comme un sanctuaire, d'une enceinte protectrice. Cette enceinte est fermée par une grille qui défend l'entrée de la maison sans la dérober aux regards. A droite et à gauche de cette grille, vous apercevez des constructions toutes modernes : à droite, ce sont les salles de réception et du petit musée ; à gauche, c'est la salle d'école des filles avec le logement des religieuses préposées à la garde du monument vénéré. Ne trouvez-vous pas comme moi heureuse et touchante cette pensée qu'on a eue de réunir et d'élever sous l'aile de la religion ces jeunes enfants de Domremy, en ces lieux mêmes où grandit si pure et si pieuse leur immortelle compatriote.

Mais il est temps d'entrer enfin dans la maison de Jeanne. Son apparence, vous le voyez, est des plus simples et des plus modestes : elle vous représente ce qu'était au quinzième siècle toute l'habitation d'un cultivateur. Au-dessus de la porte d'entrée, voyez deux pierres ornées de sculptures avec un écusson semé de trois fleurs de lis : ce sont les armes de France. Lisez maintenant l'inscription qui les surmonte : *Vive le roi Louis* ! C'est du roi Louis XI qu'il est ici question. A droite, dans un autre écusson vous voyez une épée soutenant de la pointe une couronne et côtoyée de trois fleurs de lis : ce sont les armes des du Lis, descendants de Jacques d'Arc et d'Isabelle Romée. Dans la partie supérieure apparaissent les attributs de l'agriculture avec cette inscription : *Vive labeur ! 1481*. Tout cela est comme l'histoire de l'anoblissement de la famille, et son premier titre de gloire, celui qui l'a conduite à tous les autres, c'est bien le *labeur* sans défaillance et chrétien. Toute cette ornementation est couronnée par une statue de Jeanne d'Arc qui est la copie d'une autre que nous retrouverons plus loin. Franchissons maintenant le seuil qu'on peut bien appeler un seuil sacré.

XVIII.

Maison de Jeanne d'Arc , suite.

Nous pénétrons d'abord dans la cuisine.
C'est en ce lieu que vint au monde celle qui
devait être la messagère du Ciel et le salut de
sa patrie. Une tablette de marbre blanc fixée
dans la muraille rappelle cet événement mémo-
rable :

L'AN MCCCCXI

NAQUIT EN CE LIEU

JEANNE D'ARC

SURNOMMÉE LA PUCELLE D'ORLÉANS

FILLE DE JACQUES D'ARC ET D'ISABELLE ROMÉE

POUR HONORER SA MÉMOIRE

LE CONSEIL GÉNÉRAL DU DÉPARTEMEMT DES VOSGES

A ACQUIS CETTE MAISON

LE ROI

EN A ORDONNÉ LA RESTAURATION

Y A FONDÉ UNE ÉCOLE D'INSTRUCTION GRATUITE

EN FAVEUR DES JEUNES FILLES

DE DOMREMY, GREUX ET AUTRES COMMUNES

ET A VOULU QU'UNE FONTAINE ORNÉE

DU BUSTE DE L'HÉROÏNE

PERPÉTUAT SON IMAGE

ET L'EXPRESSION DE LA RECONNAISSANCE

PUBLIQUE.

Cette ancienne taque que nous apercevons sous la cheminée remonte certainement au temps de Jeanne d'Arc. C'est donc autour de ce foyer que la famille se réunissait le soir pour les veillées d'hiver ; c'est là que, sur les genoux de sa mère Isabelle, la petite Jeanne apprenait ses prières et les récits de l'histoire sainte ; c'est là que le pauvre trouvait toujours un repas cordial auprès d'un bon feu : souvenirs touchants qui prouvent la vérité de ces paroles de l'Ecriture : *La famille des justes sera bénie à jamais.* La statue de pierre que nous voyons dans cet angle à gauche, représente Jeanne d'Arc sous son vêtement de guerre. Elle est un don fait à sa famille par le roi Louis XI. Vue de profil, la figure présente dans son ensemble et dans ses détails un air de force et de courage uni à la délicatesse la plus exquise. Elle doit reproduire aussi exactement que possible les traits de la Pucelle d'Orléans. Au milieu de la salle, une autre statue de Jeanne d'Arc, mais cette fois en bronze, repose sur un piédestal de marbre. C'est l'œuvre de la princesse Marie, fille de Louis-Philippe, dont le ciseau déjà dirigé par le talent, fut aidé par un amour et une reconnaissance qui ressemblaient à une sorte de culte. La fenêtre en vitraux peints a été réparée en 1819.

En entrant dans la cuisine, vous avez en face une porte qui s'ouvre sur la chambre de Jeanne. Nous allons y pénétrer avec le respect que réclame un sanctuaire, avec l'émotion profonde que causent de tels souvenirs. Cette petite pièce ressemble à un cellier, car le jour y pénètre à peine, éclairée qu'elle est par une seule petite fenêtre de quarante centimètres de hauteur sur trente de largeur. Mettons-nous enfin à genoux pour décharger notre cœur rempli des sentiments les plus tendres et les plus touchants. Ce sol que nous foulons garde encore l'empreinte des genoux de Jeanne prosternée et comme abîmée dans sa prière. C'est entre ces murs, dans ce réduit, qu'a été mûri et élaboré avec Dieu le projet de notre délivrance. C'est là sans doute que mainte fois le ciel a fait ses confidences à l'humble fille des champs! Ici était la couche virginale de Jeanne, ici les anges, sainte Catherine et sainte Marguerite veillaient à son chevet, tandis que pendant son sommeil, son cœur restait éveillé et tourné vers Dieu!

A gauche, à côté de la petite fenêtre, voyez

ce châssis en bois de chêne parfaitement conservé : c'est le châssis de l'armoire où Jeanne
renfermait ses vêtements et ses objets personnels. Un grillage de fer protége maintenant
cette relique contre les pieux larcins et les
entailles trop fréquentes des pèlerins.

Autrefois la cuisine livrait accès dans une
autre chambre à l'usage des frères de Jeanne
d'Arc. Cette pièce a maintenant son entrée
du côté de l'église et n'offre rien de remarquable.

Maintenant que nous avons visité le monument, laissez-moi vous en redire l'histoire
depuis Jeanne d'Arc jusqu'à nos jours. J'y
entremêlerai nécessairement quelques détails
sur des personnages dignes de votre intérêt.

XIX

Histoire de la maison de Jeanne depuis 1431 jusqu'à nos jours.

Après la mort de Jeanne son père n'avait
pas tardé à *expirer* sous le poids des dou-
leurs : le bûcher de Rouen avait fait à son
cœur une plaie qui ne se ferma jamais. Jac-

quemin, le plus jeune de ses fils, l'avait suivi au tombeau. Quelle force ne fallut-il pas à l'âme d'Isabelle Romée pour résister à tant de coups qui frappaient l'épouse et la mère ? C'est dans la religion, au pied de la croix, aux pieds de la Reine des martyrs qu'elle puisa cette énergie surhumaine qui couronna toutes ses vertus d'une admirable patience.

Les habitants d'Orléans, doués de la mémoire du cœur et mûs par un sentiment de reconnaissance, voulurent posséder dans leurs murs la mère de celle qui avait été leur libératrice et dont le nom glorieux est devenu inséparable de celui de leur cité. C'est en 1436 qu'Isabelle Romée accepta pour elle et pour son fils Pierre leur généreuse hospitalité. Elle vécut encore vingt-deux ans entourée de soins et de respect et son corps repose avec honneur dans l'Église-Cathédrale de Sainte-Croix d'Orléans. Quant à Pierre d'Arc il fut le père d'une nombreuse postérité qui porta le nom de *du Lys* depuis son anoblissement par les rois de France, et qui n'est point encore éteinte aujourd'hui.

Après le départ d'Isabelle Romée, sa maison fut habitée d'abord par son fils Jean d'Arc

4

nommé prévôt de Vaucouleurs. A sa mort, arrivée en 1460, elle passa successivement aux mains de Claude du Lys et d'Étienne son fils, qui la laissa en mourant à son fils Claude, lequel était prêtre et desservait en 1550 les paroisses de Domremy et de Greux. Après avoir appartenu longtemps à la famille des Comtes de Salmes, seigneurs de Domremy, la maison de Jeanne d'Arc était au commencement du 18ᵉ siècle la propriété de Jean Gérardin dont les descendants l'ont conservée jusqu'en 1818.

On est en 1815. La maison de Jeanne conservée précieusement dans la famille Gérardin, commence à tomber en ruines. Jusqu'alors elle est restée comme effacée du souvenir des hommes, et rarement un poète est venu saluer l'humble toit qui a vu naître l'héroïne.

Cette maison était alors habitée par Nicolas Gérardin, brave militaire, qui a servi quatorze ans sa patrie et qui a quitté le service en 1807, à cause de ses blessures. C'était un homme d'une excellente probité, et jouissant de la meilleure réputation ; sa conduite le faisait aimer et estimer de tous ceux qui le connaissaient.

A cette époque les alliés répandus en Lorraine, en Champagne, courent à l'envi porter leurs hommages à Jeanne d'Arc. Domremy est encombré d'étrangers, curieux et avides de voir la chaumière de celle qui a sauvé si miraculeusement la France au quinzième siècle. On a vu des princes allemands, entre autres un archiduc d'Autriche, se découvrir et s'incliner religieusement à la vue de la petite maisonnette. Beaucoup d'entre eux demandent des morceaux de bois de la maison, des éclats de pierre qu'ils serrent comme de précieuses reliques. On peut voir encore la marque de leur sabre sur les vieilles poutres du plancher.

Gérardin fait voir aux étrangers avec le plus grand empressement jusqu'aux moindres détails de l'habitation de Jeanne.

Un jour, un comte prussien, commandant un détachement d'alliés, arrive à Domremy. Il visite en entier la chétive maison de Gérardin; mais il ne se contente pas, comme les autres, d'un morceau de bois; c'est la maison tout entière qu'il désire. Croyant facilement éblouir avec de l'or l'honnête Gérardin, il lui en offre six mille francs, somme énorme pour un homme qui ne possède rien et qui est chargé d'une nombreuse famille.

Les réflexions du patriotique Gérardin ne sont pas longues : vendre à l'étranger une maison qui doit être si chère à toute la France..... Jamais ! Il repousse avec indignation les offres qui lui sont faites et qui peuvent l'enrichir. Il préfère la pauvreté à ce qu'il croirait être pour lui un déshonneur.

Le département des Vosges, touché de sa noble conduite et craignant que de pareilles propositions ne viennent ébranler le patriotisme de ses descendants, témoigne le désir d'acquérir cette maison pour en faire un monument national. Gérardin, connaissant les vues de son pays, donne une preuve éclatante de son désintéressement en cédant la maison de Jeanne d'Arc, au département, pour la somme de deux mille cinq cents francs, juste ce qu'il lui faut pour en acheter une autre. Le marché est conclu.

Le bruit s'étant répandu que la maison de Jeanne d'Arc allait être vendue, un seigneur anglais accourt à Domremy, et va trouver Gérardin ; mais lorsqu'il apprend que déjà la maison appartient au département, il devient furieux, et s'arrache les cheveux de désespoir. Il en aurait donné un prix quinze fois, vingt fois plus élevé. Du reste, son or aurait encore été plus dédaigné que celui du comte prussien.

La ville d'Orléans, apprenant la belle conduite de Gérardin, lui a décerné une médaille en or, où on lit d'un côté :

LA VILLE D'ORLÉANS

A NICOLAS GÉRARDIN

DE LA FAMILLE DE

JEANNE D'ARC

POUR AVOIR PAR UN LOUABLE

DÉSINTÉRESSEMENT CONSERVÉ A

LA FRANCE LA MAISON OU NAQUIT

LA PUCELLE D'ORLÉANS

1818

De l'autre côté est l'effigie du roi, avec ces mots :

LOUIS XVIII ROI DE FRANCE ET DE NAVARRE.

La médaille lui a été remise avec une lettre de M. le comte de Rocheplatte, maire d'Orléans.

Voici la copie de cette lettre :

Brave Gérardin,

Les habitants d'Orléans n'ont pu apprendre

sans un attendrissement profond ce que vous venez de faire pour conserver à la France la maison où naquit Jeanne d'Arc.

Cet exemple de patriotisme et de générosité n'a rien qui doive surprendre de la part d'un membre de sa famille; il sera apprécié par tous les cœurs vraiment français.

Il l'est par nous surtout, associés depuis plus de quatre siècles à la gloire de notre libératrice ; nous, auxquels appartient ce qui se rapporte à elle et qui, comme vous, sommes aussi sa famille.

Grâce à votre noble désintéressement, l'or de l'étranger a été dédaigné ; la destruction qu'il méditait a été prévenue, et par un sacrifice de plus, vous avez le bonheur de voir attacher le titre de monument public à l'humble toit que l'opinion des siècles avait constamment entouré de leur respect.

Vous venez de prouver que le berceau de la gloire n'a pas cessé d'être l'asile de la vertu. Aujourd'hui qu'il devient solennellement leur temple, c'est à vous que la garde en sera confiée, mais vous n'avez désiré l'obtenir que sous la condition que vous vous en montreriez toujours digne.

Brave homme ! c'est nous faire regretter que vous ne puissiez pas vivre toujours.

L'histoire immortalisera votre belle action, elle associera encore une fois votre nom à celui de l'illustre héroïne ; nos derniers neveux répéteront après nous : il fut digne d'appartenir à Jeanne d'Arc, celui qui après avoir versé comme elle son sang pour sa patrie, celui qui, privé avec sa famille des dons de la fortune, a compté pour rien ses bienfaits à côté de ce que lui commandaient l'honneur et l'amour de son pays.

Je joins à cette lettre : Expédition de la délibération du conseil municipal, par laquelle il m'a chargé de vous l'adresser en son nom, et la médaille d'or qui doit en perpétuer le souvenir.

Ces témoignages de notre reconnaissance sont pour nous l'accomplissement d'un devoir sacré, je m'honore d'être en cette circonstance l'organe de mes concitoyens et de vous assurer de la parfaite considération, avec laquelle j'ai l'honneur, etc.

Le comte de Rocheplatte.

Le roi Louis XVIII a exprimé sa reconnaissance à Nicolas Gérardin en le décorant de la croix de la Légion d'honneur.

Le brave Gérardin est mort le 4 octobre 1829, emportant dans la tombe les regrets et l'estime de tous ceux qui l'ont connu.

En 1820 le gouvernement a élevé à Domremy un monument à la gloire de Jeanne d'Arc et devant sa maison » (1).

Nous ne dirons rien de ce buste en bronze sinon qu'il est indigne à tous les points de vue de celle qu'il a l'ambition de représenter. Ni le bon goût, ni le sentiment religieux n'y trouvent leur compte. Espérons qu'avant peu un artiste viendra qui cherchera dans sa foi, dans son patriotisme comme dans l'histoire d'autres inspirations et un meilleur idéal.

XX

L'église de Domremy.

C'est à côté de la maison de Dieu que s'élève la maison de Jeanne d'Arc. De sa petite fenêtre la pieuse vierge voyait le portail de l'église

(1) Extrait de M. Huin : *Histoire populaire de Jeanne d'Arc.*

qui n'était séparée d'elle que par une étroite partie du jardin de la famille. Depuis plusieurs années le clocher et l'entrée de l'église ont été reportés à l'opposé, en face du pont construit sur la Meuse, et le sanctuaire a pris l'ancienne place du portail.

L'Eglise de Domremy remonte au treizième siècle. Le millésime 1585 que vous lisez dans un des écussons de la voûte indique la date de sa restauration. Dans le sanctuaire, remarquez ces deux vitraux peints consacrés à Jeanne d'Arc. Ici c'est l'Archange Saint Michel qui lui apparaît. Là, c'est elle-même agenouillée aux pieds de Notre-Dame. Dans le fond se détache un vitrail plus récent qui représente la France humiliée par ses désastres de 1870, cette France qui n'a pu être sauvée par une autre Pucelle, demandant répit et miséricorde au divin Maître. Lisez cette inscription qui court dans l'ornementation : *Olim per Joannam, nunc per cor Jesu sacratissimum. Autrefois elle fut sauvée par Jeanne, à notre époque elle le sera par le Cœur Sacré de Jésus.*

A droite vous voyez la chapelle de la Sainte Vierge. Elle est appelée par les gens du pays la chapelle de *Notre-Dame de la Pucelle*. La

chapelle de gauche est dédiée à Saint Nicolas,
patron de la Lorraine. La statue qui apparaît à
gauche de l'autel de Saint Nicolas est celle de
Saint Remi, apôtre des Francs et patron de la
paroisse.

C'est en vain que nous demandérions à
l'église de Domremy une richesse architectu-
rale admirée des connaisseurs. Ce qu'elle nous
offre est bien plus grand et plus digne d'arrê-
ter nos pensées. Malgré les restaurations dont
elle a été l'objet, malgré les changements sur-
venus dans le cours des siècles, il n'est pas
moins vrai, qu'elle est l'*église de Jeanne d'Arc*.
Oui, c'est dans cette enceinte bénie qu'a été
régénérée la jeune enfant, destinée à une si
auguste mission ; c'est ici que le Dieu d'amour
s'est uni pour la première fois à son âme candide et virginale ; c'est ici que tant de fois son
cœur s'est épanché par la prière dans le sein
de Jésus-Christ : ici enfin qu'elle trouvait le
centre, l'aliment, le soutien de sa vie. Heureux, dirons-nous, en quittant ce sanctuaire
trois fois auguste, heureux les chrétiens qui,
animés du même esprit, font de l'église le lieu
de leurs délices, l'objet de leurs pieuses et fréquentes visites ! Le Dieu qui y veille nuit et

jour sait donner à leur âme, comme à celle de
Jeanne d'Arc, la trempe d'une solide dévotion
avec des grâces de choix qui les maintiennent
constamment à la hauteur de leurs devoirs.

XXI

Le bois Chenu. — Le Musée.

Nous ne quitterons pas Domremy sans aller
faire une promenade au Bois-Chenu dont le
nom est si souvent mêlé à l'histoire de Jeanne
d'Arc. Un chemin de saison va nous y conduire en moins d'une demi-heure. Asseyons-
nous un instant sur *le pierrier* qui occupe la
place de l'ancien *ermitage Sainte-Marie*. Voyez,
quel tableau vivant se déroule à nos yeux!
Devant nous, c'est la Meuse, dont les eaux
ressemblent sous les feux du soleil à un ruban
d'argent sur un tapis de verdure. De ce côté du
fleuve, c'est la route nationale qui conduit de
Domremy à Neufchâteau. Cette montagne qui
domine la vallée a un nom historique, la *montagne de Julian* : l'empereur Julien l'Apostat,
quand il guerroyait dans les Gaules, y avait
établi son camp. Du côté opposé, sur cette

montagne voisine du Bois-Chenu, vous pouvez voir une antique forteresse avec ses tourelles et ses défenses, élevant au-dessus du bois son front menaçant. C'est le château de Bourlémont qui compte plus de douze cents ans d'existence. A nos côtés, le bois chenu n'est plus qu'un souvenir; les flancs de la colline qu'il ombrageait ont été en partie défrichés et plantés de vignes, et sans perdre son nom, la forêt de chênes s'est trouvée bien amoindrie. Non loin de l'*ermitage Sainte-Marie,* coule toujours la petite source appelée *fontaine de la Pucelle.* En revenant au village nous pourrons nous désaltérer à la *fontaine des groseilliers* comme autrefois la jeunesse de Domremy au jour de *Lœtare.*

Après avoir recueilli tous les souvenirs de Jeanne d'Arc semés sur sa terre natale, le pélerin voudra visiter le Musée qui porte son nom. Ce musée artistique et littéraire est destiné à réunir tout ce qui a été fait ou se fera à la gloire de la sainte héroïne, en *littérature, peinture, sculpture, musique, dessin, gravures,* etc. Le nombre, la variété, le mérite des œuvres et des compositions dont il est aujourd'hui peuplé, montrent avec quelle sympathie fut accueillie une telle pensée de reconnaissance et d'intérêt national.

XXII

Notre-Dame de Bermont.

Enfin il nous faut quitter Domremy et nous arracher à ces lieux pleins de charme. Si les beaux jours sont rares sur la terre, il sont courts aussi. Pour nous rendre à Vaucouleurs sur les pas de Jeanne d'Arc, nous allons passer par le village de Greux et visiter Notre-Dame de Bermont quelle vénérait elle-même presque tous les samedis. Cette maison que l'on aperçoit de loin sur le haut d'une colline est le château de Bermont ou Belmont. Il est environné de bois et borné du côté de la Meuse par des terres cultivées. C'est une solitude charmante au milieu d'un paysage animé. Jusque l'an 1806, combien de pélerins, alors que la sécheresse ou les pluies nuisaient aux moissons, sont venus en ces lieux implorer la protection de Saint-Thiébaut ! Combien de fiévreux sont allés avec confiance se désaltérer à la fontaine salutaire qui porte le nom du saint ! Ce vallon, qui s'enfonce au-dessous de l'habitation, semble avoir attiré toutes les complaisances de la nature, et le tableau riant qu'il présente aux regards va se reproduire avec le bleu du ciel dans les eaux tranquilles d'un étang.

Mais gravissons l'étroit sentier qui conduit à la chapelle. Elle est à gauche du bâtiment d'habitation. Remarquez ces deux arcs en ogive qui en surmontent la porte d'entrée. La petite cloche de l'antique hôpital existe toujours :

Voici l'inscription qu'elle porte en lettres initiales :

A. V. E. M. P. E. I. A. † D. E. A. A. P. M. † A. N. G. T.

Ce qui doit signifier :

« *Ad Virginem e manibus populi extrahentem impèrium anglicani, † Dedicatum est apud agrum post mortem † ad nominis gloriam titinnabulum.* »

« Cette petite cloche a été dédiée, dans la campagne, pour la gloire de son nom et après sa mort à la Vierge qui a arraché le gouvernement aux mains du peuple anglais. »

Si nous entrons ensuite dans le modeste oratoire, ce qui attire d'abord nos regards, c'est la statue de la sainte Vierge qui fut souvent l'objet des hommages de la pieuse Jeanne. Cette statue est d'un chêne extrêmement dur mais si lourd qu'elle pèse 60 kilogrammes, bien qu'elle mesure à peine un mètre de hauteur. Pour la consolation de nos arrière-neveux elle pourra longtemps encore braver les outrages du temps. Faisons notre prière à la Reine du Ciel devant son image vénérée et recommandons-lui les mêmes intérêts dont lui parla si souvent la vierge de Domremy, je veux dire ceux de la France affligée aujourd'hui par les luttes des factions acharnées. Notre petite excursion à Bermont serait utile à nos âmes, si nous emportions, en quittant ce seuil vénéré, la résolution de pratiquer la dévotion du samedi en l'honneur de Marie. Cette dévotion est approuvée par l'Eglise, de grands saints l'ont recommandée avec instance, et c'est elle qui chaque semaine attirait Jeanne d'Arc dans cette solitude et au pied de cet autel. Donnons aussi un coup d'œil et une marque de respect à la statue de Sainte-Anne et à celle de Saint-Thiébaut, le patron de ces lieux.

Ce petit cimetière que vous voyez attenant à la chapelle était autrefois beaucoup plus étendu car il servait à la sépulture des lépreux et plus tard des ermites. La tombe que vous apercevez surmontée d'une simple croix de pierre, recouvre les restes d'un bienfaiteur insigne de la chapelle, comme le prouve l'inscription suivante :

D. O. M.

« Ci-gît Claude Jean-Baptiste Sainsère, né à Vaucouleurs le 2 juillet 1771, décédé le 12 Novembre 1848 ; il est le restaurateur de cette chapelle, qui, suivant la tradition confirmée par l'histoire, est bien véritablement celle dans laquelle Jeanne d'Arc reçut les inspirations qui la portèrent à se dévouer au service de son pays. Respectez et cette chapelle en mémoire de l'héroïne qui arracha la France aux mains des Anglais, et la cendre que recouvre cette tombe.

> Fixé dans l'ermitage où Jeanne d'Arc m'appelle,
> Si plein du souvenir d'un courage si beau,
> J'entourai de respect sa modeste chapelle :
> Passant, qui que tu sois, respecte mon tombeau. »

C.-L. Molleveau, de l'Institut.

Ajoutons que la retraite de Bermont a été récemment sanctifiée par les derniers jours d'un vénérable ecclésiastique, Monsieur l'abbé Salzard, du diocèse de Versailles et chanoine

de Verdun. Après de longues années consacrées au ministère des âmes, il avait voulu
achever sa carrière sur la terre natale et « mêler ses ossements à ceux de ses pères. » Il s'est
éteint doucement à Bermont dans les bras d'un
ami dévoué, le 16 mars 1876 et son corps
repose dans le cimetière de Greux.

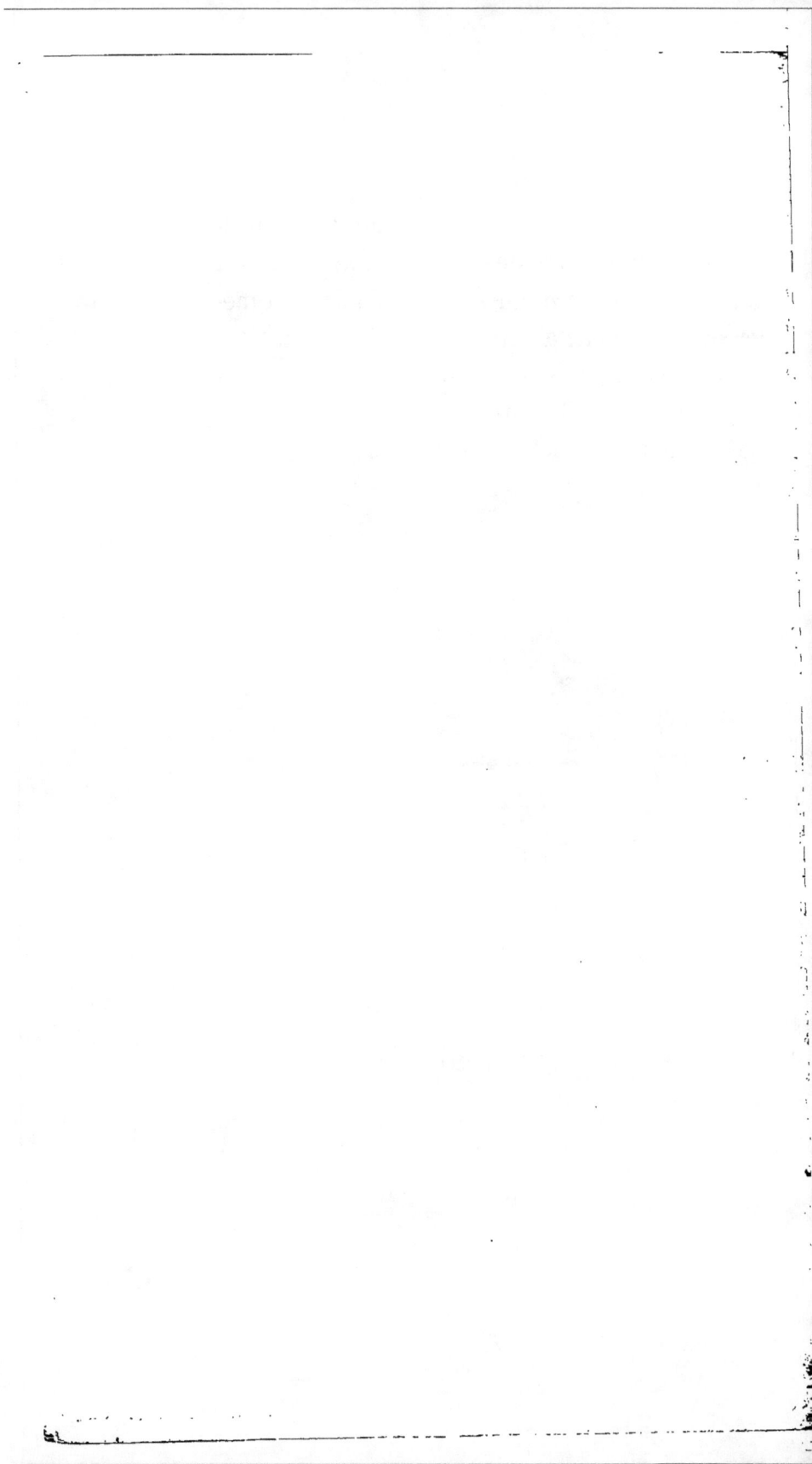

SECONDE PARTIE

—

JEANNE D'ARC ET SES SOUVENIRS
A VAUCOULEURS

I.

Séjour de Jeanne d'Arc à Vaucouleurs. — L'exorcisme.

Au moyen d'une ruse innocente, Jeanne d'Arc, obéissant à *ses voix*, avait pu quitter Domremy, échapper à l'étroite surveillance dont elle était l'objet, et faire le premier pas dans l'accomplissement de sa mission. Durand Laxard la conduisit pour la seconde fois à Vaucouleurs dans les derniers jours de janvier 1429. Elle se présenta de nouveau devant Robert de Baudricourt. Celui-ci la reçut, il est vrai, avec des paroles moins dures que la première fois ; mais, toujours incrédule, il ne voulut rien lui accorder. Jeanne ne crut pas pour cela devoir

s'éloigner de la ville destinée à être le commencement de sa merveilleuse carrière. Elle
fut logée chez un charron du nom de Henri
Royer, dont la femme conçut bientôt une tendre
affection pour une jeune fille qu'elle voyait si
pieuse et si favorisée de Dieu.

La Pucelle cousait ou filait avec son hôtesse ; dans les intervalles de son travail, elle
allait à l'église où elle priait et se confessait
fréquemment. On la voyait parfois se rendre
dans la chapelle souterraine à l'usage du château. Elle y entendait la messe et restait longtemps en prière après le service divin. C'est là
qu'un témoin la trouva souvent à genoux devant l'image de la Vierge, tantôt la tête inclinée et comme plongée dans une profonde contem-
plation, tantôt le visage et les yeux tournés
vers la mère du Sauveur avec l'expression de
l'amour, de l'abandon et de la confiance.

Robert de Baudricourt qui s'obstinait à ne
pas voir Dieu dans les apparitions de la Pucelle, crut que le démon pouvait ne pas y être
étranger. En conséquence il pria Jean Four-
nier, curé de Vaucouleurs, de l'accompagner
chez le charron pour exorciser la jeune fille.
Aussitôt que Jeanne vit entrer le prêtre revêtu

de son surplis et de son étole, instinctivement elle se jeta à genoux, et celui-ci commença la cérémonie de l'exorcisme : « Si tu es de Dieu, dit-il, en présentant une croix à la Pucelle, avance ; si tu es du diable, recule ». Jeanne s'avance vers lui en se traînant sur les genoux et baise les pieds du crucifix. Cependant elle fut mécontente de ce procédé du curé de Vaucouleurs, et plus tard elle lui dit qu'il devait bien savoir, d'après ses confessions précédentes, qu'elle n'était point possédée du démon. La naïve enfant ignorait sans doute que dans sa conduite extérieure le prêtre ne peut jamais se servir des connaissance acquises au tribunal de la Pénitence.

II.

La cause de Jeanne trouve des défenseurs.

Mais déjà le bruit des hautes destinées de la jeune fille circulait et prenait de la consistance parmi le peuple. On se racontait l'un à l'autre ce que chacun avait appris de ses visions, de ses paroles, de ses promesses de salut ; et le besoin d'espérer, de croire à un meilleur avenir, joint à l'admiration pour les solides vertus de Jeanne, inspira dans le pays la croyance à sa mission divine. Celle-ci attendait que le ciel touchât enfin le cœur du capitaine obstiné, mais le temps qu'elle passait au milieu de ces retards *lui était à charge comme à une femme qui soupire après sa délivrance.*

Un jour un chevalier nommé Jean de Metz vint la voir chez son hôtesse. — « Eh bien ! lui dit-il, que faites-vous ici, chère enfant ? Peut-il arriver autre chose sinon que le roi soit chassé du royaume et que nous devenions Anglais ? » Elle répondit pleine de tristesse : « J'ai été trouver le capitaine Robert de Baudricourt, afin qu'il me conduisît lui-même ou me fît conduire auprès du roi ; mais il ne s'inquiète ni de moi ni de mes paroles. Et pourtant il faut que je sois près du roi avant la mi-carême, dussé-je m'user les jambes jusqu'aux genoux ; car personne au monde ni rois, ni ducs, ni même la fille du roi d'Écosse, ne peut reconquérir le royaume de Charles VII. Il n'a d'autre secours que moi, bien que j'aimasse mieux filer ma quenouille près de ma pauvre mère, de pareilles choses n'étant pas mon fait. Mais il faut que je parte et que j'accomplisse ma mission, parce que mon Seigneur le veut. « Et qui est votre Seigneur, demanda le chevalier ? » C'est Dieu répliquat-elle. » Et elle dit tout cela avec une conviction si profonde, et un ton de sincérité tel, que le cœur du gentilhomme en fut subjugué ; il prit la main de Jeanne dans la sienne, et lui jura, par sa foi, de la conduire au roi sous la garde de Dieu. « Et quand donc, ajouta-t-il, désirez-vous partir ? »

« Plutôt aujourd'hui que demain, répondit-elle, demain plutôt qu'après-demain. »

Un autre seigneur, Bertrand de Poulengy, qui avait assisté à la première entrevue de Jeanne avec Robert de Baudricourt, lui avait aussi accordé toute sa confiance et lui avait promis de se dévouer à sa cause.

III.

Jeanne est appelée à la cour de Lorraine. — Elle obtient le pardon de ses parents.

Les récits extraordinaires colportés partout au sujet de la Pucelle parvinrent jusqu'aux oreilles de Charles, duc de Lorraine. Il était

alors attaqué d'une maladie contre laquelle
avait échoué tout l'art des médecins. Il désira
donc voir et consulter la merveilleuse jeune
fille et il lui envoya un palefroi noir avec
prière de venir à sa cour le plus vite possible.
Jeanne se rendit à ses vœux, espérant que
peut-être il lui serait en aide. Arrivée auprès
de lui, elle le supplia de lui donner une escorte
convenable pour aller vers le Dauphin, lui pro-
mettant en retour de prier pour sa guérison.
Le duc ne voulut point y consentir et se borna
à la consulter sur l'issue de sa maladie. Jeanne
répondit qu'elle n'avait eu aucune révélation à
ce sujet ; en même temps, avec une sainte har-
diesse, elle lui conseilla, pour fléchir la colère
de Dieu, *de reprendre en honneur, dans son
palais, sa bonne femme qu'il avait repoussée.*
Charles de Lorraine ne prit pas cet avis en
mauvaise part et il congédia la Pucelle après
lui avoir fait quelques présents.

Celle-ci ne voulut pas s'en retourner avant
d'avoir fait un pèlerinage au sanctuaire de
Saint Nicolas-de-Port, situé à deux lieues de
Nancy et dont le renom était si populaire depuis plusieurs siècles.

De retour à Vaucouleurs, Jeanne d'Arc

appris que, pendant son absence, ses parents étaient venus pour la voir. Quand ils avaient su que leur fille était allée trouver des gens de guerre à Vaucouleurs, ces braves gens avaient failli perdre le sens, et ils s'étaient mis aussitôt en route pour cette ville, espérant ramener Jeanne avec eux. Ils furent tout déconcertés en apprenant son voyage à Nancy. Mais à Vaucouleurs ils recueillirent sur son compte tant de bons témoignages ; ils virent tant de personnes recommandables convaincues de sa mission divine et résolues à la seconder, que le calme se fit peu à peu dans leur esprit et qu'ils retournèrent à Domremy pleins de résignation.

Jeanne une fois revenue fit écrire à ses parents une lettre touchante pour leur demander pardon d'être partie sans leur permission ; et ces bonnes gens lui pardonnèrent de grand cœur, mettant ainsi l'obéissance à Dieu et le patriotisme au-dessus des sentiments les plus doux et les plus forts de la nature.

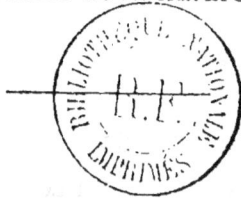

IV.

Départ définitif de Jeanne d'Arc pour l'accomplissement de sa mission.

On était aux premiers jours de février 1429 et le chevalier de Baudricourt se montrait aussi incrédule aux discours de Jeanne, aussi peu disposé à lui donner une escorte. Celle-ci ne se fatiguait pas dans ses instances auprès de lui. Le jour même de la bataille de Rouvray-Saint-Denis, connue dans l'histoire sous le nom de *journée des harengs*, elle alla de nouveau le trouver. « En mon Dieu, lui dit-elle, vous tardez trop à m'envoyer ; car aujourd'hui le gentil Dauphin a eu, assez près d'Orléans, un bien grand dommage, et encore l'aura-t-il plus grand, si vous ne m'envoyez bientôt près de lui. »

Quelque temps après, arrivait à Vaucouleurs la nouvelle de cette défaite subie par les troupes royales le jour même de l'entrevue avec Baudricourt. Cette coïncidence frappante ne fit

qu'augmenter le crédit de la Pucelle et conci-
lier à sa cause de nombreux défenseurs.

Le capitaine ébranlé peut-être quelque peu
ou plutôt entraîné par les sollicitations et les
murmures du peuple, se décida enfin à écrire
au roi une relation de tous les faits concernant
la jeune Voyante et à lui demander avis sur ce
qu'il devait faire. La réponse ne se fit pas
longtemps attendre. Charles VII , comme un
homme découragé qui se crampponne à tout
motif d'espérance, mandait à Baudricourt de
lui envoyer Jeanne d'Arc avec une escorte convenable.

Elle avait donc enfin sonné, l'heure de Dieu
appelée par les vœux ardents d'une pauvre
jeune fille ! Le ciel ne voulait pas que la France
descendît au tombeau où dorment les empires
réprouvés ! Elle devait encore dans la suite des
âges servir d'instrument à ses volontés. Il la
trouvait assez humiliée, assez meurtrie : *la fille
de Dieu,* la Vierge *au grand cœur* allait se
lever et la secourir.

Il fallait donner à Jeanne d'Arc les moyens
d'accomplir sa mission, l'équiper, lui procurer
des vêtements de guerre. Durant Laxart et
Jacques Alain s'unirent ensemble pour lui

acheter un cheval. (1). Les gens de Vaucouleurs voulurent contribuer aux frais de la
sainte entreprise ; ils se cotisèrent pour offrir à
Jeanne ses vêtements de guerre. Baudricourt
lui donna une épée.

Ce fut le 23 février qu'eut lieu le départ. La
Pucelle avait revêtu l'habillement de cavalier,
selon le conseil de ses voix célestes, afin de
sauvegarder sa pudeur virginale au milieu des
gens de guerre. A ses côtés l'escorte de ses
fidèles compagnons faisait ses derniers prépa-
ratifs. Elle était composée de Jean de Metz (2),
de Bertrand de Poulengy avec leurs serviteurs,
du messager du roi, d'un archer nommé Ri-
chard, et, au dire de quelques historiens, de
Pierre d'Arc, le plus jeune des frères de Jeanne.
Autour de la petite troupe une foule immense
de peuple s'était rassemblée pour les derniers
adieux. Tous étaient émus à la vue de cette
jeune fille qui entreprenait dans la mauvaise
saison un voyage de 150 lieues, au travers des
forêts et des fleuves, quand toutes les routes

(1) Ils le payèrent 12 francs ; et ce devait être un très-
beau cheval à une époque où une brebis coûtait 7 sous.

(2) Seigneur de *Nouillonpont.*

étaient occupées par les Anglais et les Bourguignons. « — Comment pouvez-vous partir,
lui disait-on, le pays tout entier est sillonné de
gens de guerre. » — « Je ne crains pas les
gens de guerre, répondait-elle d'une voix ferme;
s'ils me barrent le chemin, j'ai pour moi mon
Dieu qui m'ouvrira un passage jusqu'à mon
Seigneur le Dauphin : c'est pour cela que je
suis née. »

Enfin au bruit des acclamations et des vivats
populaires, au milieu des vœux d'une multi-
tude attendrie, la messagère du ciel s'éloigna
au galop de son cheval emportant avec elle les
destinées de la France et de la monarchie.

Toujours incrédule, Robert de Baudricourt
lui avait jeté pour adieu ces dernières paroles :
« Va maintenant, et advienne que pourra. »

V.

Pélerinage à Vaucouleurs.

Maintenant que nous avons vu la vierge lorraine quitter Vaucouleurs pour se rendre à la
cour du Dauphin, faisons, après quatre siècles
et demi, un retour dans cette petite ville, et re-

cueillons ce qu'elle pourra nous dire encore de Jeanne et de ses souvenirs.

Vaucouleurs, *vallée des couleurs*, c'est un nom plein de fraîcheur et de poésie que celui de la ville qu'il nous reste à visiter. Située en amphithéâtre sur un coteau qui domine la rive gauche de la Meuse, elle est entourée de prairies fertiles, émaillées pendant la belle saison de mille fleurs qui enchantent les regards du voyageur le plus indifférent. Pour nous, ce qui nous attire dans ses murs, ce sont moins les agréments du site et les charmes du paysage que les souvenirs touchants et les traces bénies qu'y a laissés la sainte libératrice de la France. N'oublions pas que, si Domremy a été le berceau de Jeanne et la terre de ses visions, Vaucouleurs a été le point de départ de sa mission providentielle et comme le théâtre de son premier triomphe. C'est là en effet que sa volonté persévérante, trempée dans la grâce de Dieu, a triomphé de l'indifférence des uns, des sarcasmes et de l'incrédulité des autres ; c'est là que sa vertu s'est concilié l'admiration de tous, c'est de Vaucouleurs que le roi de France la fit venir et la petite ville l'envoya au monarque comme un présent de son cœur pour le récon-

forter dans les jours mauvais et lui rendre la
couronne de saint Louis.

L'origine de Vaucouleurs n'a point laissé
de traces dans l'histoire : elle est sans contre-
dit très-ancienne, car on retrouve le nom de
cette ville mêlé aux événements et aux récits
du moyen-âge. Située à l'extrême frontière de
la France de la Lorraine et des terres de
l'Empire, elle fut souvent le rendez-vous des
têtes couronnées. Les empereurs, les rois de
France et de nobles seigneurs s'y réunirent
plusieurs fois pour terminer leurs différents et
délimiter leur Etats. Une entrevue de ce genre
eut lieu entre le bon roi Robert et l'empereur
Henri II. Plus tard, des conférences se tinrent
à Vaucouleurs entre Louis VIII et Frédéric II ;
entre ce même empereur et saint Louis, entre
l'empereur Albert et Philippe le Bel.

A un kilomètre au nord de Vaucouleurs, on
rencontre un écart nommé Tusey qu'une fon-
derie importante a rendu célèbre, et qui a pris
place dans l'histoire, soit à cause de son ancien château et de la seigneurie de ce nom,
soit à cause d'un Concile tenu en ces lieux, en
863, et auquel prirent part cinquante-six évê-
ques appartenant à quatorze provinces ecclésiastiques.

Pendant longtemps la terre et les dépendances de Vaucouleurs appartinrent au Sire de Joinville, sénéchal de Champagne. L'aimable historien et compagnon de saint Louis figure certainement parmi les seigneurs de Vaucouleurs, car ce ne fut qu'en 1365 que ce domaine fut cédé au roi Philippe de Valois en échange d'autres terres. A partir de cette époque, l'antique seigneurie fut administrée par un gouverneur à la nomination du roi. Nous avons vu qu'au temps de Jeanne d'Arc elle était confiée au sire de Baudricourt, bailli de Chaumont. Le château séculaire et féodal s'élevait au-dessus de la colline, dominait la ville entière et semblait commander à toute la vallée. A part une ancienne porte que le temps ou la main des démolisseurs a épargnée, le seul souvenir qu'il en reste, souvenir trois fois sacré, est la chapelle souterraine autrefois dédiée à Notre Dame. L'église du manoir fut fondée en 1234 par Béatrix, dame de Joinville et sénéchale de Champagne, pour l'accomplissement des dernières volontés et le soulagement de l'âme de son noble époux. Un prêtre y fut dès lors attaché avec un revenu de vingt réseaux de froment et de trente sols, à charge pour lui de *chanter l'office et de soigner la lampe*.

Ce ne fut qu'en 1266 qu'un chapître de chanoines fut établi dans cette chapelle castrale par Geoffroy de Joinville, seigneur de Vaucouleurs. Aux termes de l'acte d'érection, quatre prébendes étaient créées, dont trois devaient être confiées exclusivement à des prêtres. Dans la suite le nombre des chanoines fut porté à dix; les revenus de la collégiale furent augmentés, et un doyen fut placé à sa tête.

La chapelle du château comprenait l'église de la collégiale et une crypte ou chapelle souterraine désignée dans les documents historiques sous le nom de *voûtes*. Dans l'église supérieure on célébrait chaque jour les offices du chapître, et tous les matins se disaient plusieurs messes basses avant la messe conventuelle.

Pendant le court séjour qu'elle fit à Vaucouleurs, Jeanne d'Arc gravissait souvent les pentes rapides qui conduisaient au saint lieu. Dès l'aube du jour elle s'y rendait une des premières pour assister à l'auguste sacrifice, et tant que les prêtres se succédaient à l'autel,

tant que l'oblation du calvaire s'y renouvelait,
elle continuait sa prière, offrant à Dieu ses gé-
missements et ses larmes pour sa patrie. Elle
demandait à Celui dont la parole brise les ro-
chers d'attendrir le cœur de Baudricourt ; à
l'Archange des Batailles, de vaincre cette nature indomptable ; à ses deux patronnes, de lui
ouvrir les yeux, de prendre en mains la cause
de l'infortuné Dauphin. Avant de sortir et de
retourner chez sa bonne hôtesse, Jeanne des-
cendait dans la crypte voûtée qui était la chapelle de Notre-Dame, et là, à genoux aux pieds
de la bienheureuse Vierge, tantôt le front
humblement courbé, tantôt les yeux fixés pieusement sur le visage de la statue, elle renouvelait à la Reine des anges l'offrande de sa
personne, de son amour et de sa vie (1). Nul
doute que, dans cette pieuse solitude, Marie n'ait
achevé la formation de cette âme généreuse ;
qu'elle ne l'ait soutenue dans les heures d'at--
tente et d'épreuve ; qu'elle ne l'ait disposée au
suprême sacrifice d'un autre calvaire qui devait lui apparaître un jour sous la forme d'un
bûcher.

(1) Déposition de Jean-le-Fumeux, chanoine de Vaucouleurs et témoin oculaire.

VI.

**Visite à la chapelle souterraine. — Maison de Royer.
Établissements de Vaucouleurs. — Christ de Sept-
Fonds.**

Il m'est impossible, ami lecteur, de vous
conduire sur les traces de la sainte jeune fille
dans l'église supérieure qui était celle de la
collégiale. Le temps qui détruit tout, les révo-
lutions plus impitoyables encore, l'ont fait dis-
paraître. Quant à la crypte ou chapelle souterraine, elle existe encore aujourd'hui et vous
pourrez y faire la dernière station de votre
pélerinage. Elle se trouve comprise, vous le
voyez, dans les bâtiments qu'on a construits
avec les ruines de l'ancien château. Remarquez avec moi comme cet oratoire est admira-
blement conservé, comme les voûtes en sont
intactes et d'un beau gothique. Hélas ! pendant
de longues années il a servi d'écurie, de cellier, et Jeanne d'Arc y a prié pendant plusieurs
semaines avant de partir pour délivrer la
France ! « Je ne comprends rien, écrivait
Henri Perreyve, à l'ignorance et à l'indifférence qui laissent dans l'oubli et la ruine de

tels souvenirs et de tels monuments. » L'indignation de ce cœur sacerdotal a été partagée
par tous les pélerins et par tous les touristes ou
visiteurs qui avaient souci de l'honneur national et de la gloire de la religion.

Aujourd'hui leurs vœux sont comblés, et
cette profanation a pris fin. M. l'abbé Raulx,
curé doyen de Vaucouleurs, pour honorer la
sainte mémoire dont le culte est confié à son
zèle pastoral, méditait depuis longtemps le
projet de restaurer et de rendre à Dieu ce
sanctuaire où a prié la plus pure et la plus généreuse fille de France. Son dessein, longtemps contrarié par les circonstances, a reçu
un commencement d'exécution. D'accord avec
quelques chrétiens dévoués, il vient de faire
l'acquisition de la crypte (février 1878) et tout
porte à croire qu'avant peu la statue de Notre-
Dame, replacée sur son autel, verra prosternés à ses pieds les enfants de cette France
dont elle est la patronne et dont elle sera la
libératrice.

La statue séculaire de Notre-Dame des
Voûtes est vénérée dans l'église paroissiale de
Vaucouleurs. Cette église, monument impo-
sant de la renaissance, est remarquable par

les peintures qui en décorent les voûtes. On y trouve deux vitraux peints consacrés à la mémoire de Jeanne d'Arc.

Au coin sud-est de la place Piétri, les habitants de Vaucouleurs montrent encore aux touristes la maison que la tradition populaire regarde comme ayant appartenu à Henri Royer, ce charron qui fut l'hôte de Jeanne d'Arc pendant son séjour dans la ville.

Vaucouleurs possède depuis près de 150 ans un collége d'instruction secondaire. Cet établissement dirigé d'abord par les chanoines de la collégiale fut supprimé à l'époque de la grande révolution et rétabli plus tard vers 1830. Il passa successivement des mains d'un prêtre, M. l'abbé Matenet, aux mains de deux maîtres de pension laïques et subsista ainsi jusqu'à 1868. C'est en cette année que par les soins de M. le doyen de Vaucouleurs, l'établissement fut confié sous le nom d'Institution Saint Joseph, à des ecclésiastiques du diocèse de Verdun et réunit dans ses programmes l'enseignement secondaire et l'enseignement professionnel.

Pour assurer le succès de cette œuvre importante, la maison a été cédée récemment aux religieux de l'ordre des Servites de Marie.

En l'année 1868 les sœurs de la Congréga-
tion de saint Hilaire en Woëvre vinrent fon-
der à Vaucouleurs, sous le nom et le patronage
de Jeanne d'Arc, un pensionnat qui est devenu
un des plus florissants de la contrée. On voit
que le but que poursuivent ces religieuses, but
qui s'harmonise si bien avec les souvenirs de
l'éducation donnée à Jeanne d'Arc, a été parfaitement compris et apprécié dans cette partie
de la Lorraine. Il consiste d'abord à donner à
la jeune fille une instruction solide et complète,
puis, ce qui n'est pas moins important, à la
former aux travaux de la maison, aux ouvrages
de la femme forte, aux occupations d'une mé-
nagère industrieuse. Avec un tel programme
ne pouvait-on pas s'abriter avec raison derrière
le nom de Jeanne d'Arc?

Dans la ferme de Saint-Nicolas de Sept-
Fonds, située à trois kilomètres de Vaucouleurs, sur la route de Sauvoy, on vénère une
croix portant l'image du Sauveur, et surmontée
de cette inscription :

JEANNE D'ARC ADORA
CE CHRIST EN 1428 A LA
CHAPELLE DE SAINT-NICOLAS
VAL DE LA FERME DE SEPT-FONDS.

VII.

De Vaucouleurs à Rouen.

En conduisant Jeanne d'Arc au début de sa carrière glorieuse, en allant vénérer sa mémoire à Domremy et à Vaucouleurs, nous avons terminé la tâche que nous nous étions imposée. Cependant qu'il nous soit permis, pour l'instruction et l'édification du lecteur, de jeter un coup d'œil rapide sur la dernière période de sa vie qui ne comprend que deux ans et trois mois, mais qui est si remplie de prodiges, de vertus, d'héroïsme et de souffrances (1).

Elle est partie pour accomplir la mission que Dieu lui avait confiée ! Pendant l'espace de 150 lieues elle parcourt des routes infestées d'ennemis, traverse des rivières profondes, se glisse à travers les forêts, et malgré tous les

(1) Nous nous inspirons dans cette conclusion de la dernière page de Marius Sepet, l'un des meilleurs historiens de Jeanne d'Arc.

périls, se présente devant le roi, à Chinon.
Mais ce roi elle le trouve défiant. Il ne croit pas
même à sa propre cause, et désespère de l'avenir. Elle le convainc : elle est examinée par de
subtils docteurs : et, simple fille des champs,
elle les confond. Elle paraît à la tête d'une
armée, et voici qu'elle est soudain un grand
général. Elle entre dans Orléans assiégé, à
travers les lignes ennemies ; elle rend le courage à la garnison, aux bourgeois ; en huit
jours les bastilles anglaises sont emportées et
le siége d'Orléans est levé.

Jeanne poursuit son œuvre, et tout ce qui
résiste à son élan, elle l'entraîne. Elle entraîne
le roi à Reims ; les villes s'ouvrent devant une
paysanne de dix-sept ans et Charles VII reçoit
l'onction sainte qui consacre son droit aux
yeux du peuple et de l'Église.

Demeurée modeste au milieu de ce triomphe
inouï, la guerrière est toujours ce qu'elle était
dans son village. Elle fait l'aumône, elle se-
court les malades, elle se confesse et commu-
nie et de vieux soudards transformés tout-à-
coup se confessent et communient avec elle.
Cependant l'heure du triomphe a passé, celle
de l'épreuve est venue. Blessée devant Paris,

elle tombe aux mains des Bourguignons dans une sortie vigoureuse qu'elle fait à la tête de la garnison de Compiègne. Elle est vendue aux Anglais, transportée à Rouen dans une cage de fer et emprisonnée dans la grosse tour du château.

Trois mois durant, elle boit au calice où la méchanceté humaine a versé tous les poisons, toutes les angoisses. Un juge inique et fourbe, des docteurs rompus à toutes les arguties s'acharnent à déconcerter cette fille des champs qui n'a pour défense que son innocence et sa foi. C'est en vain : elle reste invinciblement fidèle à son Dieu, à l'Église, au souverain pontife, à sa patrie, à son roi ; et chacune de ses réponses est un miracle de simplicité, de bon sens et de dignité. Mais à quoi bon des procédures et des interrogatoires ? Son sort était fixé d'avance. On la conduit au supplice, et ce supplice est le bûcher ! Elle a pour ses ennemis, des paroles de pardon ; pour son roi, un dernier souci de l'honneur royal, et qu'elle ferveur pour son Dieu ! Liée au fatal poteau, environnée de flammes, elle prie encore. Enfin, toute sa vie se rassemblant dans son dernier soupir, elle l'exhale, en criant : « Jésus ! » La vie et la mort de Jeanne d'Arc sont d'une sainte, comme la vie et la mort de Jésus-Christ sont d'un Dieu !

Vingt-cinq ans plus tard, l'Église supprimait le jugement qui avait condamné Jeanne, vengeait sa mémoire de tant de flétrissures et remettait en honneur le nom de celle qu'on avait tuée, en se couvrant de l'autorité de l'Église.

Aujourd'hui elle fait plus encore, elle s'occupe de sa béatification. Puissions-nous, sous le pontificat de Léon XIII, voir le front si pur et si glorieux de Jeanne d'Arc, rayonner du nimbe de la sainteté ! Puisse bientôt notre patrie, revenue de ses longs égarements, invoquer la vierge de Domremy avec repentir, avec amour, et s'écrier au pied de son autel : Sainte Jeanne de France, priez pour nous !

FIN.

TABLE DES MATIÈRES

———

PREMIÈRE PARTIE

Jeanne d'Arc et ses souvenirs à Domremy.

SECONDE PARTIE

Jeanne d'Arc et ses souvenirs à Vaucouleurs.

Nancy. — Imp. G. Crépin-Leblond, Grand'Rue, 14.

www.ingramcontent.com/pod-product-compliance
Lightning Source LLC
Chambersburg PA
CBHW071215200326
41519CB00018B/5531